Le livre de tous les ménages

ou l'art de conserver pendant plusieurs années toutes les substances animales et végétales

Nicolas Appert

Alpha Editions

This edition published in 2022

ISBN : 9789356892705

Design and Setting By
Alpha Editions
www.alphaedis.com
Email - info@alphaedis.com

Contents

AVIS
SUR LA QUATRIÈME ÉDITION.

Depuis plus de vingt ans que la première édition du *Livre de tous les Ménages* a paru, des succès constans et multipliés ont prouvé la bonté et l'efficacité de ma méthode. L'on s'accorde à regarder mon procédé comme le meilleur qui puisse être employé, et cependant l'on ne trouve dans les divers ouvrages qui ont été publiés qu'une analyse obscure, incomplète et inexacte des moyens de conservation que j'ai fait connaître.

Les sociétés savantes n'ont point cessé, pendant ce même espace de temps, de s'occuper de la conservation des substances alimentaires. Elles ont proposé des prix pour appeler l'attention sur cet objet important. Je le dis avec orgueil et avec une vive satisfaction: il n'a été publié aucun procédé qui fût supérieur au mien ou qui présentât autant de garantie d'une parfaite réussite.

Toutes ces considérations m'ont engagé à publier une nouvelle édition du *Livre de tous les Ménages*. Je l'ai revue avec le plus grand soin, et j'ai cherché à la rendre digne de l'accueil que le public a fait aux précédentes. Elle contient l'exposé fidèle de tous mes travaux et les résultats de ma longue expérience. Je les y ai déposés sans réserve ni réticence. Je n'avoue donc que les procédés indiqués dans cette quatrième édition.

Après la destruction de mon établissement à Massy, par suite des invasions de 1814 et 1815, je fus obligé de me réfugier à Paris. J'avais réussi à sauver quelques appareils, et je continuai de me livrer à mes opérations. Le gouvernement m'ayant ensuite accordé un local vaste et commode aux Quinze-Vingts, c'est là que, par de nouvelles recherches et de nouvelles expériences confirmées par une pratique non interrompue, je suis parvenu à simplifier les procédés, à y introduire plus d'économie, et à découvrir les perfectionnemens que je publie dans cette quatrième édition.

J'ai obtenu de l'*autoclave* les résultats les plus satisfaisans. Dès que l'on aura pu vaincre les craintes que cette machine inspire, et que l'on se sera familiarisé avec son usage, je ne doute pas qu'elle ne soit plus généralement employée.

On trouvera dans cette édition de plus que dans les précédentes:

Tout ce qui est relatif à la confection des boîtes de fer-blanc et de fer battu, destinées à la conservation des substances alimentaires;

La manière de préparer et de disposer les substances animales que l'on veut conserver par ce procédé;

Un nouveau moyen de conserver les vins dont la délicatesse ne permet ni le transport par mer, ni l'emmagasinage dans beaucoup de caves;

Tous mes travaux avec l'*autoclave* ou marmite à compression, avec une instruction sur la manière de le gouverner;

Un nouveau procédé pour l'extraction de la gélatine des os, sans emploi d'acide;

La confection des tablettes de bouillon économiques;

L'extraction de l'huile de pied de bœuf, si utile dans les arts;

La fonte et la clarification du suif, et sa confection immédiate en chandelles, etc., etc.

AVANT-PROPOS.

Si l'on peut juger de l'utilité d'un livre par l'accueil qu'il reçoit du public, par l'épuisement rapide de plusieurs éditions tirées à un grand nombre d'exemplaires, par sa traduction dans plusieurs langues, par l'analyse qu'en ont faite les journaux, par les témoignages avantageux de plusieurs sociétés savantes, *le Livre de tous les Ménages* est, à coup sûr, un livre utile.....

Et comment pourrait-il être considéré autrement, lorsqu'il a pour objet de conserver, presque sans frais et pour plusieurs années, dans leur fraîcheur et avec leurs propriétés naturelles, toutes les substances alimentaires, végétales et animales, sans aucune exception?

Sans doute, cette découverte intéressante n'est pas encore portée à son plus haut degré de perfection; cependant elle n'est plus une de ces théories brillantes qui donnent beaucoup d'espoir sans réalité. Fondée sur un principe unique et indestructible, le calorique, elle est invariable dans ses résultats, toutes les fois qu'elle est convenablement appliquée.

Ici la théorie est appuyée sur des faits nombreux, sur un grand nombre d'expériences, dont le résultat est d'une telle évidence qu'il ne peut plus être mis en problème.

La conservation des substances alimentaires a été, dans tous les temps, considérée comme un objet de si grand intérêt, qu'une foule d'auteurs anciens et modernes n'ont pas dédaigné de s'en occuper; mais si les méthodes qu'ils ont publiées ont en effet servi à indiquer quelques procédés utiles, il n'en est pas une seule qui puisse, comme celle dont il s'agit ici, s'appliquer généralement à toutes les substances; il n'en est pas une seule qui soit aussi simple et aussi facile à mettre en pratique.

On ne peut donc confondre la méthode proposée avec aucune de celles imaginées jusqu'à ce jour, et qui se réduisaient à la dessiccation, la salaison ou l'amalgame de substances étrangères à celle qu'il s'agit de conserver; méthodes dont quelques-unes entraînaient à de grands frais, telles entre autres que la conservation des fruits avec le sucre de cannes, et dont toutes altéraient, plus ou moins, les qualités naturelles des substances conservées[1].

Dans toutes ces méthodes, tout est compliqué et altéré; ici les procédés sont de la plus grande simplicité.

L'auteur ne vous dit pas: le procédé que je vous indique, je le tiens d'une bonne ménagère; mais il vous dit: je le tiens de quarante ans de travaux, et de quarante années d'expérience; je vous en garantis le succès, bien entendu toutefois que vous suivrez exactement tous les moyens qui vous sont indiqués.

L'auteur ne vous dit pas: *vous conserverez par ce procédé tels ou tels fruits, tels ou tels légumes*; mais il vous dit: à l'aide de ce procédé vous pouvez, avec sécurité, transporter dans votre cave tout ce que produit votre jardin, soit au printemps, soit dans l'été, soit dans l'automne; et après plusieurs années vous trouverez ces substances végétales aussi bonnes, aussi salubres, que lorsque vous veniez de les cueillir; et, par une sage prévoyance, vous pouvez ainsi vous garantir des privations de la disette.

Ce procédé, ajoutera-t-il encore, s'applique non-seulement aux substances végétales, mais encore à toutes les substances animales, c'est-à-dire, aux viandes de boucherie, aux bouillons, aux consommés, à la volaille, au gibier, aux poissons, au lait, au petit-lait, aux œufs, et généralement à tout.

Il vous dira enfin, que les plantes médicinales et leurs sucs, si nécessaires à la santé, se conservent, par le même procédé, dans leur fraîcheur et leurs qualités primitives.

Ainsi, tous les ménages, sans aucune exception, peuvent se procurer des jouissances ou des ressources. Mais c'est ici que la découverte dont nous parlons présente un grand intérêt. Les salaisons et les légumes secs sont la base de la nourriture des marins. Diverses tentatives ont été faites pour améliorer la nourriture des équipages, et l'on est parvenu à rendre les salaisons aussi bonnes que possible. Aux dangers pour la santé qui résultent de l'emploi prolongé de ces substances, il faut ajouter les pertes occasionnées par des salaisons préparées avec peu de soin, vieillies ou mal logées à bord des vaisseaux, et par des graines légumineuses que leur long séjour à la mer ne permet plus d'employer. Aujourd'hui, les armateurs n'en auront plus à supporter, et les marins, dont la santé est si souvent altérée par la mauvaise qualité des substances alimentaires qui leur sont destinées, transportent à fond de cale tout ce qui est utile à leur existence et à leur santé; ils retrouvent, au milieu des flots, dans les voyages de long cours et dans les contrées les plus éloignées, les alimens auxquels ils sont habitués; et aussitôt on verra disparaître le scorbut, ce fléau destructeur de la santé de ceux qui se dévouent au service ou aux spéculations maritimes[2].

En 1822, je fus chargé par S. Exc. le ministre de la marine, de fournir les substances alimentaires, conservées d'après mes procédés, destinées à l'approvisionnement des malades, à bord des bâtimens de l'état. Mes vœux étaient enfin exaucés: cette heureuse circonstance fut pour moi une preuve évidente que la bonté et l'efficacité de mes procédés étaient définitivement reconnues et qu'ils étaient désormais à l'abri de toute critique. Je continuai ce service pendant plusieurs années, et jusqu'à ce que le ministre eut fait établir à Bordeaux une fabrique semblable à la mienne. A cette époque, je consommais souvent deux ou trois bœufs par jour. Ce fut alors que je commençai mes expériences sur la fonte des suifs en me servant de l'autoclave. J'ai réussi à fondre et clarifier le suif et à le couler immédiatement en chandelles. On trouve le détail de ces expériences dans cette quatrième édition.

Mais, dira-t-on peut-être, comment l'auteur d'une telle découverte n'a-t-il pu parvenir à la faire adopter par tous les établissemens publics, par tous les ménages?

La question est naturelle; mais la réponse est facile.

Pour qu'une découverte soit ainsi généralement adoptée, il faut qu'elle ait obtenu l'assentiment d'un grand nombre d'individus. Cet assentiment ne peut avoir lieu que quand ces individus sont convaincus de ses avantages; pour acquérir cette conviction, il faut qu'ils fassent eux-mêmes les expériences nécessaires, et pour peu que ces expériences demandent quelque attention ou présentent quelques difficultés, la paresse, l'insouciance les ont bientôt abandonnées.

D'ailleurs, avant que le procédé fût mis au jour, beaucoup de personnes et quelques-unes même très-distinguées par leurs connaissances en physique et en chimie, ne voulaient pas croire à la simplicité du procédé. Plus le résultat était extraordinaire, plus elles s'en méfiaient; et parmi les personnes instruites dont nous venons de parler, il s'en est rencontré qui sont allées jusqu'à prétendre que quelques ingrédiens secrets et même dangereux étaient le principe et la base de la conservation.

Aujourd'hui que le procédé est au grand jour, ces doutes doivent nécessairement disparaître; et quand on peut par soi-même, et avec la plus grande facilité, s'assurer de la simplicité du procédé et de l'excellence du résultat, il faut bien céder à l'évidence.

Quel est, au surplus, l'intérêt actuel de l'auteur de cette découverte? de vendre les substances qu'il a conservées? Il en offre, en effet, aux consommateurs; mais son but a toujours été de faire jouir tous les établissemens publics, et particulièrement la marine et tous les ménages, du fruit de ses longs travaux.

Sa méthode n'a plus rien de caché: il l'a décrite, il entre dans les plus petits détails; il craint tant que l'inexpérience fasse manquer ses procédés, qu'il croit n'en avoir jamais assez dit pour prévenir jusqu'aux moindres inconvéniens. Elle est de la plus facile exécution dans les grandes opérations, et présente, comparativement aux approvisionnemens habituels pour la nourriture des marins, une économie de 40 à 50 pour cent, déduction faite des avaries. Les administrations trouveront plus d'avantages dans les fournitures par entreprises qu'en faisant confectionner ces conserves dans des établissemens dirigés à leurs frais.

C'est pour vous particulièrement qu'il écrit, tendres et intéressantes mères, qui êtes pour vos familles une seconde providence. Hâtez-vous de mettre ces procédés en pratique, hâtez-vous de recueillir avec soin le superflu de ces fruits, de ces légumes que les saisons favorables vous offrent en abondance, et dont une maturité trop prompte va bientôt vous priver. Un jour viendra où, dans le triste hiver, la bouche enflammée de vos enfans malades sera délicieusement rafraîchie par ces substances salutaires. Un jour viendra où vous offrirez, avec une douce satisfaction, ces légumes agréables et ces fruits délicats que votre prévoyance aura su conserver. Le plaisir commandera la reconnaissance, le bonheur de votre famille sera votre récompense, et, pour faire tant de bien, il ne vous aura fallu que le vouloir.

Mais, dira-t-on avec quelque impatience, quel est donc ce principe conservateur qui opère tant de merveilles?

C'est la chaleur, le feu.

Ce principe si pur agit de la même manière et opère les mêmes effets sur toutes les substances alimentaires; c'est son action bienfaisante qui, en les dégageant du ferment toujours destructif de leurs qualités primitives, ou en le neutralisant, leur imprime ce sceau d'incorruptibilité si fécond en heureux résultats.

Ainsi nulle inquiétude sur le principe conservateur; il ne peut jamais avoir d'influence fâcheuse sur la santé: il le peut d'autant moins, que c'est à ce principe dépuratoire que nous soumettons la plus grande partie des alimens qui servent à notre subsistance.

Quelques objections ont encore été faites: d'abord, a-t-on dit, la méthode n'est pas neuve, elle n'est pas basée sur une nouvelle propriété du calorique; cette propriété existait; on l'avait soupçonnée, puisque plusieurs personnes ont conservé des cerises, des petits pois, des haricots, etc.

On lit dans le *Bulletin de Pharmacie*, n° 7, deuxième année, 2 juillet 1810, page 328 et suivantes[3]:

«Nous avons examiné plusieurs objets, tels que petit-lait, fruits et sucs de fruits, conservés par M. Appert; l'état de ces substances et leur manière d'être enfermées dans des vases de verre, nous firent soupçonner, dès cette époque, ainsi que nous l'annonçâmes alors, qu'il employait une méthode déja usitée dans plusieurs départemens.»

L'auteur du *Livre de tous les Ménages* ne prétend pas être le premier qui ait conservé des petits pois en bouteilles, puisqu'il est à sa connaissance que depuis plus de cinquante ans on a fait plusieurs essais de ce genre.

Ces essais se sont multipliés, surtout depuis seize ans qu'il a formé une nouvelle branche de commerce des substances alimentaires conservées par sa méthode; mais tous ces essais, basés sur des recettes routinières, prouvent qu'on s'était borné à un très-petit nombre d'objets, et qu'on ne s'était nullement occupé de recherches ou d'expériences propres à développer et à étendre l'application du principe conservateur.

Aussi ces essais faits sur quelques objets futiles de ménage, loin de hâter les progrès de l'art, n'ont présenté que beaucoup d'incertitudes et d'avaries. C'est avec ces essais qu'on a trompé le public, en vendant des légumes que l'on disait conservés par l'auteur du *Livre de tous les Ménages*; c'est avec ces essais imparfaits qu'on a dégoûté les consommateurs, et qu'on est parvenu à atténuer la confiance qu'avaient si justement méritée les productions alimentaires de sa fabrique.

L'auteur a fait des écoles et a reçu des leçons, comme on peut bien le penser. Le premier objet qu'il est parvenu à conserver a fixé son attention. Il n'y a pas d'effets sans cause, s'est-il dit, et si cette cause opère si merveilleusement sur une production, elle doit nécessairement opérer de même sur beaucoup d'autres.

C'est par suite de ce raisonnement qu'il s'est livré à de nouvelles expériences, avec des tâtonnemens et des sacrifices infinis.

C'est alors qu'il fit faire des bouteilles et des vases en verre, de dimensions propres à ses expériences; c'est alors qu'il rechercha le meilleur liége pour faire des bouchons de trois à quatre pouces de diamètre, composés de trois, quatre et cinq pièces.

C'est alors qu'il fit faire des mâchoires à levier pour comprimer les bouchons, etc. etc.

C'est alors qu'il a fait faire des boîtes en fer-blanc, en fer battu, etc. etc.

C'est à l'aide de ces nouveaux moyens, et à force d'attention, de soins et de surveillance, qu'il obtint la conviction que l'influence et l'action du feu opéraient la conservation parfaite des substances alimentaires.

Le degré de chaleur nécessaire à chacune de ces substances, fut l'objet de nouvelles recherches; et les expériences à cet égard ont été tellement multipliées, et si souvent répétées, que l'indication qu'en donne l'auteur est aujourd'hui d'une certitude complète.

Telle est la marche lente, opiniâtre et progressive à l'aide de laquelle l'auteur du *Livre de tous les Ménages* est parvenu, après quarante années de sacrifices et de travaux, à transformer en méthode certaine et raisonnée un procédé que le hasard avait seul découvert, et dont une routine grossière et aveugle avait retardé le développement, qu'elle eût même forcé d'abandonner, par les inconvéniens et les avaries qu'elle entraînait avec elle; méthode qu'il a mise à la portée de tout le monde, en la rendant publique.

Il faut donc convenir que, si différens procédés ont été anciennement employés dans plusieurs ménages pour conserver quelques légumes et quelques fruits en bouteilles, ils étaient tellement restreints, tellement basés sur une simple routine, qu'ils n'avaient pu ni dû fixer l'attention des gens de l'art, ni celle des théoriciens, tandis que ceux décrits dans *le Livre de tous les Ménages*, s'appliquent *à tout*, ont des bases si certaines, qu'il est impossible de s'égarer en les mettant en pratique, et sont d'une telle simplicité, que toutes les classes de la société peuvent jouir des avantages précieux qu'ils présentent.

Cette vérité est à-peu-près généralement reconnue. Les auteurs du même *Bulletin de Pharmacie*, pages ci-dessus citées, conviennent que *le Livre* même *de tous les Ménages* prouve que son auteur *a beaucoup perfectionné cette branche d'industrie, et imaginé une foule de précautions sans lesquelles il est impossible de réussir aussi complètement que lui.*

Ils ajoutent qu'il a, de plus, le mérite d'avoir cherché et d'être parvenu, par ce moyen, à conserver des préparations végétales et animales les plus susceptibles d'altération, ce qui n'avait pas été fait, ou au moins publié avant lui.

Ils disent qu'ils s'empressent de faire connaître son mode d'opération, en le suivant, surtout dans ses applications aux objets qui intéressent plus particulièrement la pharmacie, renvoyant, pour le reste, à l'ouvrage même.

Après avoir parlé de la manière de conserver le petit-lait, et de celle de préparer et conserver un bouillon pectoral, fait en la présence de M. Boudet, l'un d'eux, et qui s'est trouvé au bout de six semaines aussi parfait qu'au moment de sa confection, ils ajoutent qu'il en a été de même des sucs des plantes, tels que ceux de laitue, cerfeuil, bourrache, chicorée sauvage et cresson, dépurés à froid, introduits dans des vases convenables et soigneusement bouchés, avec la précaution de n'employer qu'un bouillon au bain-marie. Un seul bouillon, disent-ils encore, suffit de même pour les sucs acides des fruits. Un degré de chaleur plus prolongé en altérerait la couleur.

«M. Appert, continuent-ils, est parvenu, par son moyen, à conserver des plantes entières, telles que la menthe poivrée.

«Du moût de raisin sortant du pressoir, et du sirop, beaucoup moins cuit qu'il n'est convenable pour la conservation, se sont trouvés dans le meilleur état au bout d'une année et au-delà.

«Quel parti, ajoutent-ils, convaincus de l'excellence de la méthode dont nous parlons, ne pourra-t-on pas tirer de ce principe conservateur, pour procurer aux malades, dans toutes les saisons et dans tous les pays, les produits extraits du règne végétal et animal, doués de toutes les propriétés qu'ils possédaient au moment de leur confection, ou jouissant d'une énergie toute particulière et qui nous est inconnue, en faisant extraire, sur les lieux les sucs de certains végétaux, ou partie de végétaux qu'il importerait de connaître, avant qu'ils eussent subi aucune préparation capable de les altérer en aucune manière?»

Après avoir cité Boerhaave et Jean-Rodolphe Glauber qui, avant l'auteur du *Livre de tous les Ménages*, se sont occupés de la conservation des substances alimentaires, les auteurs du Bulletin transcrivent, sans aucune observation critique, les avantages qui distinguent la méthode de l'auteur du *Livre de tous les Ménages*; ainsi ils se trouvent d'accord avec tous les savans distingués qui déja l'avaient sanctionnée[4].

Ainsi plus de doute que, comme on l'a avancé dans la première édition, cette méthode ne présente, même pour les préparations qui intéressent plus particulièrement la pharmacie, de grands avantages sans aucune espèce d'inconvéniens.

«Il paraîtrait assez curieux et surtout intéressant, lit-on encore dans le même Bulletin, d'établir la théorie des phénomènes obtenus au moyen des procédés de M. Appert, pour la conservation des substances les plus altérables; mais le procédé n'est pas connu depuis assez de temps, pour qu'il ait été possible de faire toutes les expériences nécessaires à cet effet.

«M. Appert, y est-il dit enfin, donne, il est vrai, son explication; mais elle ne nous a pas paru satisfaisante.»

Depuis plus de vingt ans, l'auteur du *Livre de tous les Ménages*, qui d'ailleurs a été toute sa vie employé dans les ateliers relatifs à la préparation et à la conservation des substances alimentaires, tels que les caves de la Champagne, les brasseries, les offices, les magasins d'épiceries et de confiseurs[5], s'est exclusivement occupé des expériences à l'aide desquelles il pouvait parvenir à donner le plus grand développement au principe conservateur qui avait fixé son attention. L'application successive qu'il a faite de ce principe à toutes les substances alimentaires connues, a constamment produit le même résultat, la parfaite conservation de ces substances, d'où il a conclu que l'action du feu détruisait ou au moins neutralisait tous les fermens qui, dans la marche ordinaire de la nature, produisent ces modifications qui, en changeant les parties constitutives des substances végétales et animales, en altèrent la qualité.

Si cette explication n'est pas suffisante, l'auteur du *Livre de tous les Ménages* laisse à ces génies qui depuis long-temps s'occupent de l'étude de la nature, et qui ont été souvent assez heureux pour lui surprendre ses secrets, à découvrir celui dont il s'agit dans cet instant[6].

En attendant, ces procédés peuvent être mis en pratique avec autant d'avantage que de sûreté; puisque, xix abstraction faite de la connaissance de l'action du calorique, il est généralement reconnu d'avance, tant par les chimistes et les pharmaciens que par les sociétés savantes, que cette manière de conserver les substances alimentaires ne peut jamais avoir aucun inconvénient, et que ses avantages sont aussi incalculables que certains.

LE LIVRE

DE TOUS LES MÉNAGES,

OU

L'ART DE CONSERVER,

PENDANT PLUSIEURS ANNÉES,

TOUTES LES SUBSTANCES ANIMALES ET VÉGÉTALES.

Avant d'entrer dans les détails d'exécution de mon procédé, je dois dire qu'il consiste principalement:

1° A renfermer dans des bouteilles ou bocaux, et dans des boîtes de fer-blanc ou de fer battu[7], les substances que l'on veut conserver;

2° A boucher ou souder ces différens vases avec la plus grande précision, car c'est surtout de cette opération que dépend le succès;

3° A soumettre ces substances, ainsi renfermées, à l'action de l'eau bouillante d'un *bain-marie*, pendant plus ou moins de temps, selon leur nature, et de la manière que j'indiquerai pour chaque espèce de comestibles;

4° A retirer les bouteilles et boîtes du bain-marie au temps prescrit.

CHAPITRE I.

Description des ateliers et appareils que j'ai établis, pour l'exploitation en grand de mon procédé[8].

La première pièce au rez-de-chaussée, de 55 pieds de long sur 28 pieds de large, est divisée sur sa longueur en six parties:

La première est destinée aux expéditions, emballages, etc.

La seconde forme le magasin des préparations confectionnées et destinées à la vente.

La troisième, plus spacieuse que les précédentes, est celle où les viandes de boucherie, la volaille et le gibier sont détaillés et disposés pour la cuisson.

La quatrième, exposée au nord, renferme le garde-manger et l'office, séparés l'un de l'autre par une cloison.

La cinquième, à côté et à la même exposition, est garnie dans son pourtour de tringles ou de supports auxquels se peuvent accrocher à la fois jusqu'à trois ou quatre bœufs. Dans cette pièce sont placés les objets ci-après, destinés au bouchage, savoir:

1° Un dévidoir pour le fil de fer servant à ficeler les bouteilles et autres vases. Pl. 1, *fig.* 1.

2° Un petit tour pour tordre le fil de fer, lorsqu'il est dévidé et coupé de longueur. Pl. 1, *fig.* 2.

3° Deux mâchoires à levier pour mâcher les petits et les gros bouchons. Pl. 1, *fig.* 3 et 4.

4° Un tabouret monté sur cinq pieds, pour ficeler. Pl. 1, *fig.* 5.

5° Un casse-bouteilles ou billot *a* monté sur trois pieds, garni d'une forte palette *b* pour boucher. Pl. 1, *fig.* 6. La *fig.* 7 représente la surface.

6° Pinces-cisailles pour tordre et couper le fil de fer sur le bouchon. Pl. 1, *fig.* 8.—Avec cet instrument de nouvelle invention on a l'avantage de pouvoir tordre le fil de fer et le couper, sans être obligé d'employer successivement la pince et la cisaille.

7° Cisaille, Pl. 1, *fig.* 9, servant à couper le fil de fer en deux parties égales, lorsqu'il est sur le dévidoir, *fig.* 2.

8° Crochet et tire-bouchon réunis; le crochet est destiné à couper au-dessous de la bague le fil de fer qui ficèle les bouteilles et bocaux. On se sert du tire-bouchon pour les gros bouchons. Pl. 1, *fig.* 10.

9° Une quantité suffisante de sacs de treillis pour envelopper les bouteilles et autres vases.

10° Deux tabourets couverts en cuir, rembourrés de foin, pour tasser ceux d'entre les objets renfermés dans les vases, qui ont besoin de l'être. Pl. 1, *fig.* 8.

11° Une presse pour les sucs de plantes, de fruits, d'herbes et le moût de raisin, avec des terrines, vases, tamis, et tout ce qui est nécessaire[9].

La sixième et dernière partie est la cuisine, Pl. 2, *fig.* 1: elle est garnie de toute sa batterie, et de sept fourneaux économiques *a, a, a, a, a, a, a* pour l'apprêt des sauces, sautés, etc.; d'une paillasse *b* pour les grillades, et de deux coquilles *c, c*, et d'un tourne-broche *d* propre à rôtir à la fois 50 ou 60 livres de boucherie.

Sous le vestibule en sortant est un grand fléau garni de ses poids.

A la suite de ce vestibule est l'atelier de ferblanterie où se confectionnent les boîtes; il est divisé en deux pièces de chacune environ 15 pieds de long sur 28 de large. Vingt-cinq à trente ouvriers y peuvent travailler commodément.

Plus loin sur le même plan et en retour d'équerre à droite, une très-grande pièce de 150 pieds de long sur 28 de large et 17 de hauteur, divisée en six parties:

Les deux premières en entrant par la cour, d'ensemble 60 pieds de long, forment le laboratoire où s'opèrent la cuisson des substances et l'application du calorique par le *bain-marie*; ou par la *vapeur*, lorsqu'il s'agit de clarification ou de réduction.

Dans ces deux pièces sont construits, en briques de Bourgogne, treize fourneaux économiques, Pl. 2, *fig.* 2, élevés de 4 pieds sur 4 pieds de large, y compris la saillie, à la base, de 8 pouces de largeur sur 7 pouces de hauteur, sur lesquels sont montés autant d'appareils, consistant:

1° En une grande chaudière à vapeur, Pl. 3, *fig.* 1, de 48 pouces de diamètre sur 24 pouces de profondeur, garnie d'un robinet et fermée d'un fort couvercle *a*, percée de quatre ouvertures de 16 pouces de diamètre, dans chacune desquelles est montée une poêle *b* de même dimension sur 5 pouces de profondeur, armée d'un robinet et destinée à recueillir les réductions.

Au milieu de ces quatre poêles existe un chapiteau conique *c* de 7 pouces de diamètre à sa base, soudé sur une ouverture de même dimension pratiquée dans le couvercle de la chaudière au-dessus duquel il s'élève de 10 pouces. Ce chapiteau présente à son sommet trois ouvertures *d*: les deux premières reçoivent chacune un conducteur de chaleur *f* de 15 lignes, environ, de diamètre; l'un desdits est garni, près du chapiteau, d'un robinet à deux eaux *g*. La troisième ouverture sert à l'introduction dans la chaudière de l'eau nécessaire à l'entretien de la vapeur, et est fermée par un bouchon.

Le premier de ces conducteurs *f* qui porte 70 pieds de long, chauffe une étuve placée à l'entresol près de l'appareil. Après avoir fait le tour de cette étuve, il revient en contrebas rendre dans un vase *h* posé près de la chaudière, l'eau et l'excédant de la vapeur.

Comme ce conducteur, en sortant du chapiteau de la chaudière, décrit dans sa longueur une ligne ascendante et descendante, une partie de l'eau condensée rentre dans ladite chaudière, et l'autre va se perdre dans le réservoir *h* dont il vient d'être parlé.

Lorsque, le robinet de ce premier conducteur est fermé, le second, qui parcourt un espace de près de 50 pieds, porte le calorique, au moyen d'un double robinet à trois eaux *i*, dans deux cônes en bois *e, e* cerclés et garnis en cuivre.

Le diamètre de ces cônes est de 2 pieds 6 pouces à leur base, et de 19 pouces à leur orifice; leur hauteur est de 2 pieds; ils sont armés chacun, vers le bas, d'un robinet *k* pour l'écoulement de l'eau produite par la vapeur condensée, et vers le haut, d'une petite soupape de sûreté *l*.

Chacun de ces cônes est surmonté d'un dépuratoire *m* de la forme d'un cône renversé, portant 14 pouces de haut sur 27 de diamètre par le haut, et 19 pouces par le bas. Ces dépuratoires sont également armés de leurs robinets *o*. Leur usage est la cuisson de toutes les substances, la clarification de la gélatine et la préparation des gelées de viandes.

2° En trois fourneaux montés de trois autoclaves *a, a, a*, de la contenance de 300 à 400 litres, garnis de leurs couvercles et soupapes de sûreté. Pl. 2, *fig.* 2.

3° Sept fourneaux portant autant de grandes chaudières *b, b, b, b, b, b, b* de 300 à 400 litres, garnies de couvercles et de forts robinets[10]. Pl. 2, *fig.* 2.

4° Deux autres fourneaux *c, c* de 16 pouces de diamètre, surmontés l'un d'un dépuratoire *d*, et l'autre d'un petit autoclave d^2 de la contenance de 60 litres, destiné aux petites opérations. Pl. 2, *fig.* 2.

La troisième pièce, après les deux laboratoires que l'on vient de décrire, est garnie de 500 à 600 moules en fer-blanc, destinés à couler la gélatine en tablettes.

La quatrième pièce ensuite est celle où s'opère l'évaporation par le moyen d'un appareil, dit: *Evaporateur à surfaces, pour la concentration de la gélatine et autres liquides*, Pl. 4, *fig.* 1, inventé par M. Ch. Derosne, et dont voici la description:

A. Réservoir alimentaire supérieur, contenant la dissolution gélatineuse.

B. Régulateur de la quantité qui doit couler dans un temps donné.

C^1, C^2, C^3. Chaudières de circulation dans lesquelles la dissolution gélatineuse coule continuellement en s'évaporant. Ces chaudières sont placées sur trois étages les unes au-dessus des autres.

Le réservoir alimentaire A est muni d'un robinet *d* auquel est adaptée une boule flottante *b*, qui, par son élévation ou son abaissement, permet un écoulement plus ou moins considérable du liquide.

En sortant du robinet *d* le liquide tombe dans le régulateur B qu'il remplit plus ou moins, suivant le jeu qu'on veut donner à la boule flottante *b*, et il en sort par les petits robinets *f* et les tuyaux *g* pour se rendre sur chaque division inférieure de la chaudière à surface.—Ce liquide parcourt les sinuosités établies par les bandes *h, h, h, h* fixées sur les fonds des chaudières, et tombe par le tuyau *g* sur la deuxième chaudière dont il parcourt également les divisions pour de là se rendre par un tuyau semblable *g* sur la troisième chaudière dont il suit aussi les sinuosités. Arrivé à la dernière division de cette chaudière, la solution gélatineuse tombe dans un récipient par le tuyau *k*.

On voit, Pl. 4, *fig.* 1, deux systèmes d'appareils d'évaporation accolés l'un à l'autre.

Un seul réservoir alimentaire et un seul régulateur servent pour les deux systèmes.

Les dissolutions gélatineuses, en parcourant les divisions des chaudières sont concentrées, en restant le moins de temps possible exposées à l'action détériorante du feu. On pourrait à la rigueur les évaporer en une seule fois, mais pour obtenir ce résultat, il faudrait ne laisser couler à la fois qu'une couche bien mince de liquide, ce qui exigerait beaucoup de surveillance dans la manière de conduire le feu. Dans un travail un peu en grand on peut pousser le feu vivement, sauf à repasser plusieurs fois dans le réservoir alimentaire les liquides soumis à l'évaporation.

Les fourneaux sont disposés de manière que le feu, après avoir frappé le fond de la première chaudière se rend sous la deuxième, puis sous la troisième, et enfin sous le réservoir alimentaire, toujours en abandonnant du calorique sous ces chaudières, de sorte que lorsque l'air comburé arrive dans la cheminée, il est dépouillé de la plus grande partie du calorique qu'il contenait originairement.

Cet ingénieux appareil d'évaporation que je dois à l'obligeance de M. Ch. Derosne, déja si connu par les services importans qu'il a rendus à l'industrie, m'a mis à même d'évaporer des quantités très-considérables de solutions de gélatine. J'obtenais, par jour, 200 à 250 kilogrammes de gélatine, rapprochés au degré convenable, pour être coulé en tablette.

M. Ch. Derosne, dans le brevet d'invention qu'il a cru devoir prendre pour ce système d'évaporation, a donné la description d'une foule de modifications qu'on peut apporter à cette sorte d'appareils. Dans une de ces modifications il ne chauffe les chaudières évaporatoires qu'au moyen de la vapeur sans pression; dans une autre il emploie un appareil complexe dont une partie est chauffée par l'action directe du feu, et produit elle-même la vapeur qui, forcée de passer sous des plateaux, sert à l'évaporation d'une nouvelle quantité de matière, de sorte qu'on a deux produits pour un, c'est-à-dire, l'un évaporé à feu nu, et l'autre par la vapeur. Quant à moi, je me suis borné à employer l'appareil tel que je l'ai décrit; mais il est évident que ce système, plus ou moins modifié par M. Ch. Derosne, peut servir à l'évaporation d'une foule de substances qui ne sauraient être évaporées à feu nu sans crainte de les altérer.

La cinquième pièce, séparée de la précédente par une simple cloison, est garnie de rayons et sert au dépôt des matières préparées pour les diverses opérations.

La sixième pièce, de 60 pieds de long sur 28 de large et 17 de haut, forme le grand magasin, et renferme le bois et les piles d'os de *Canards*[11], ou têtes de bœufs décharnées, dont on extrait la gélatine.

Au-dessus de ce magasin est un grand séchoir de 100 pieds de long sur 27 de large et 13 de hauteur, garni de corps de rayons supportant plus de 400 châssis en canevas, sur lesquels s'étendent les tablettes de gélatine, avant d'être placées dans la grande étuve. Cette pièce sert aussi à emmagasiner la gélatine confectionnée et renfermée dans de grands coffres. Les bouteilles, les bocaux, et les bandes de liége employé à faire les bouchons de plusieurs morceaux sont aussi déposés dans ce séchoir.

La grande étuve placée vers le milieu de la pièce que l'on vient de décrire, est garnie dans son pourtour et sur toute sa hauteur de corps de rayons destinés au même usage que les précédens. Elle peut être chauffée jusqu'à 35 degrés et plus par le tuyau de cheminée de l'appareil évaporateur dont on a parlé plus haut. Lorsque cet appareil n'est point en activité, on a recours aux poêles ordinaires.

Sur la cour et en face des précédens ateliers, est encore un laboratoire divisé en trois parties.

Dans la première sont construits trois fourneaux montés chacun d'une chaudière avec couvercle et robinet, l'une de 2 pieds 8 pouces de diamètre sur 14 pouces de profondeur, une autre de 16 pouces de diamètre sur pareillement 14 pouces de profondeur. Un de ces fourneaux contient la chaudière destinée à rapprocher le lait. On trouvera la description de cet appareil à l'article *Lait.*

C'est dans cette pièce que se font cuire les *Canards* ou têtes de bœufs, pour être ensuite décharnés dans les deux pièces suivantes.

En dehors est pratiqué un spacieux réservoir en pierre recevant par un conduit l'eau d'une pompe distante de près de 50 pieds, et auprès de laquelle est établi un second réservoir aussi en pierre recevant l'eau d'un autre réservoir garni en plomb et situé au-dessus de la pompe. Ce dernier réservoir en alimente un quatrième, qui, par un conduit, amène l'eau dans une pièce dite le *Lavoir*, où sont de grands baquets destinés à dégorger et laver les têtes de bœufs au sortir de l'abattoir.

J'ai la précaution de faire confectionner d'avance un assortiment de boîtes de fer-blanc de toutes capacités dont je prévois le besoin, de la manière qui sera indiquée tout-à-l'heure: je fais également ma provision de bouteilles et de vases de verre de toutes grandeurs et d'embouchures convenables, ainsi que des meilleurs bouchons et de fil de fer bien recuit, choisi du calibre convenable à ficeler. Le tout ainsi prévu, j'ai l'attention, deux jours avant d'opérer, de bien laver les boîtes ainsi que les vases de verre en quantité suffisante pour l'opération. Je passe aux mâchoires les bouchons, je tiens le fil de fer tout prêt; lorsque le tout est ainsi préparé, les opérations sont à moitié faites.

Le principe conservateur de toutes les substances alimentaires est invariable dans ses effets; les résultats dépendent de son application d'une manière convenable à chacune d'elles, suivant leur nature, avec la privation de l'air. Cette dernière précaution est de la plus grande rigueur pour parvenir à la parfaite conservation. Un moyen sûr de priver les substances alimentaires du contact de l'air, c'est d'avoir une parfaite connaissance des boîtes de fer-blanc ou de fer battu, de leur fermeture, des vases de verre qu'on emploie, ainsi que des bouchons et de la manière de bien boucher.

CHAPITRE II.

Des bouteilles et bocaux de verre.—Des bouchons.—Du bouchage.—Du ficelage des bouteilles.—Du lut pour les bouteilles et bocaux.—Des vases de grès.

Des bouteilles et bocaux de verre.

Les bouteilles ordinaires ayant généralement des embouchures mal faites et trop étroites, étant d'ailleurs trop faibles pour résister sous la palette et à l'action du feu, j'avais imaginé d'en faire fabriquer, dont les embouchures fussent plus grandes et avec étranglement, c'est-à-dire avec un petit filet saillant dans l'intérieur de l'embouchure, au-dessous de la cordeline ou bague. Je pensais que le bouchon introduit de force, sur le casse-bouteilles dont j'ai parlé, à l'aide de la palette et jusqu'aux trois quarts de sa longueur, serait étranglé par le milieu; que de cette manière la bouteille parfaitement bouchée à l'extérieur et à l'intérieur opposerait un plus grand obstacle à la dilatation qu'opère l'application du calorique sur les substances qu'on y renferme. J'étais d'autant plus convaincu de la nécessité de boucher ainsi, que plusieurs fois j'avais observé que la dilatation était si forte qu'elle repoussait au-dehors de deux, trois et quatre lignes, des bouchons fortement maintenus par deux fils de fer en croix.

Ce procédé répondit à peu près à ce que j'en attendais, et je le pratiquai fort long-temps; néanmoins la difficulté que cette forme de bouteille présentait au bouchage, et plus encore celle de s'en procurer de parfaitement semblables à mes modèles, laissait beaucoup à désirer. Un hasard assez singulier me conduisit à abandonner cette méthode à l'instant où j'y songeais le moins.

Pendant mon absence on reçut un jour chez moi un mille de bouteilles, qui, au lieu de porter le filet saillant à l'intérieur, avaient l'embouchure en forme de cône renversé, ainsi que les bouteilles de Champagne. A mon retour je les fis mettre de côté pour les rendre à la verrerie, qui refusa de les reprendre. Je les reléguai dans un coin de mon magasin, où elles restèrent long-temps oubliées. Il arriva pourtant que dans un moment de presse, où je manquais d'autres bouteilles, il me fallut, malgré ma répugnance, y recourir. Je reconnus, à ma grande satisfaction, que leur forme les rendait beaucoup plus faciles à boucher, et que, sous tous les rapports, elles étaient préférables à celles que j'avais employées jusqu'alors et dont j'abandonnai l'usage. La forme des embouchures des bouteilles est bien différente de celle des bouteilles ordinaires; l'homme le plus robuste ne parviendra pas à y faire entrer avec la palette le bouchon une ligne de plus, ni à casser une bonne bouteille, quelle que soit la force avec laquelle il frappe sur le bouchon.

Les bouteilles et bocaux doivent être de matière liante; les premières, du poids de vingt-cinq à vingt-six onces pour une pinte de capacité; il faut que le verre soit réparti également, autrement elles cassent au bain-marie, à l'endroit le plus chargé de matière. La forme de Champagne est la meilleure, c'est celle qui s'arrange le mieux et qui résiste davantage.

Des bouchons.

C'est en général une économie bien mal entendue que celle d'un franc et même de deux sur un cent de bouchons; à l'appât de quelques centimes que vous croyez gagner sur un bouchon, vous sacrifiez souvent une bouteille d'un franc, d'un franc cinquante cent., même de trois francs et quelquefois davantage. On bouche pour conserver et améliorer l'objet renfermé dans le vase, en le privant du contact de l'air extérieur: on ne peut donc faire trop d'attention à la qualité des bouchons. Ils doivent être de 18 à 20 lignes de longueur et du liége le plus fin[12]; ce sont les plus économiques; l'expérience m'a tellement prouvé cette vérité, que je ne me sers que de bouchons superfins pour mes opérations. Je prends la précaution de les mâcher aux trois quarts de leur longueur, en commençant par le bout le plus effilé, ce que je fais à l'aide de l'instrument dit *Mâchoire*, Pl. 1, *fig.* 3 et 4; en comprimant ainsi le bouchon, le liége devient plus souple, ses pores se rapprochent, il s'allonge un peu et diminue de grosseur à l'extrémité destinée à entrer dans l'embouchure de la bouteille, de sorte qu'un des plus gros peut entrer dans une embouchure moyenne. L'action du calorique sur les vases ainsi fermés est telle, que le bouchon grossit dans le goulot et opère le parfait bouchage.

Du bouchage.

Avant de boucher, je fais attention à ce que les bouteilles contenant des liquides ne soient pleines qu'à trois pouces de la cordeline, ou bague, afin d'éviter la casse qui résulterait de la dilatation produite par l'application de la chaleur du bain-marie, si les bouteilles étaient trop pleines. Quant aux légumes, aux fruits, aux plantes, etc., deux pouces de distance de la bague suffisent. Je pose la bouteille sur le casse-bouteilles devant lequel je suis assis. Cet appareil est garni d'une forte palette en bois, d'un petit pot rempli d'eau, et d'un couteau bien affilé[13] pour couper les têtes de bouchons, qui doivent rarement se trouver trop hauts à l'extérieur de la bouteille. Ces dispositions faites, j'approche le casse-bouteilles, Pl. 1, *fig.* 2, entre mes jambes, je présente à la bouteille le bouchon qui lui convient: après l'avoir trempé dans l'eau pour l'introduire plus facilement et en avoir essuyé le bout, je l'ajuste à l'embouchure en tournant; je le soutiens dans cette position avec la main gauche que j'appuie fortement pour maintenir la bouteille d'aplomb. De la main droite je prends la palette avec laquelle j'enfonce le bouchon à force. Lorsqu'après les premiers coups je m'aperçois qu'il est un peu entré, je le lâche pour saisir le col de la bouteille que je tiens ferme sur le casse-bouteilles, et à coups redoublés je continue à l'enfoncer jusqu'aux trois quarts de sa longueur. Le quart du bouchon qui, après avoir résisté aux coups de la palette, excède le goulot de la bouteille, m'assure qu'elle est exactement bouchée, et me sert à fixer les deux fils de fer croisés qui retiennent le bouchon et l'empêchent de ressortir lors de la pression qu'il éprouve par la chaleur du bain-marie. On ne peut apporter trop d'attention à l'opération du bouchage, d'où résulte tout le succès des conserves, et il n'est aucune précaution, si minutieuse qu'elle paraisse, que l'on ne doive observer lorsqu'il s'agit d'intercepter entièrement l'introduction de l'air dans les bouteilles[14].

Quand je les ai ainsi bouchées, j'assure encore, comme je viens de le dire, les bouchons par deux fils de fer en croix, ce qui est très-facile, et qu'il suffit d'avoir vu faire une fois. Ensuite je mets chaque bouteille dans un sac de treillis, ou de grosse toile faite exprès et assez grand pour l'envelopper toute entière jusqu'au bouchon. Ces sacs ont la forme d'un manchon, ils sont ouverts par les deux bouts, dont l'un est froncé par une coulisse et un cordon qui ne laisse d'ouverture que la largeur d'une pièce de cinq francs, et l'autre est garni de deux ficelles pour tenir le sac attaché au col de la bouteille. Par le moyen de ces sacs, j'évite de me servir de foin ou de paille pour emballer les bouteilles dans le bain-marie, et lorsqu'il s'en casse dans l'opération, ce qui arrive quelquefois, les tessons restent dedans. Je préviens ainsi une infinité d'embarras et de petits accidens qu'on éprouverait en recueillant les éclats de bouteilles mêlés avec le foin.

L'on est venu quelquefois se plaindre du peu de succès que l'on avait obtenu, des avaries éprouvées sur une partie des vases soumis à l'opération, tandis que l'autre avait parfaitement réussi; on accusait ma méthode d'inconstance dans les résultats, etc. C'est ainsi qu'en général l'on cherche à excuser les défauts d'attention dans l'exécution d'un procédé; car le manipulateur, comme M. Chaptal le fait observer avec raison, ne veut jamais avoir tort. Ma méthode est invariable, et les avaries que l'on éprouve doivent exciter fortement l'attention et porter à la recherche des causes qui les ont produites. On les trouvera bien assurément, soit dans la mauvaise confection des vases de verre ou de métal employés à la conservation des substances alimentaires, soit dans le mauvais bouchage des vases de verre ou dans la mauvaise fermeture des boîtes de fer-blanc ou de fer battu.

Dans mes éditions précédentes, comme dans celle-ci, je suis entré dans les plus minutieux détails sur le bouchage. C'est, je le répète, du parfait bouchage que dépend le succès de l'opération[15].

Des bouchons pour les vases de verre ou bocaux à grandes embouchures.

Après avoir parlé des bouteilles, de leur forme et de leur qualité; des bouchons et de la longueur du liége fin dont ils doivent être faits; de la manière de bien boucher (je vais m'occuper de celle de ficeler); des sacs, de leur forme et de leur usage, je dois donner une idée des vases à grandes embouchures, ou bocaux en verre, dont je me servais pour renfermer les viandes de boucherie, la volaille, le gibier, etc., avant d'avoir adopté les boîtes de fer-blanc et de fer battu.

Ces bocaux ont des embouchures de deux, trois, quatre pouces et plus de diamètre, et sont d'une capacité relative. Ils portent, comme les bouteilles, une cordeline ou bague, non-seulement pour renforcer leur embouchure, mais encore pour recevoir le fil de fer destiné à maintenir les bouchons. Le liége, en planches fort minces, surtout dans le très-fin, et à contre-sens par l'ascendance de ses pores, apportait un obstacle au bouchage. Il m'a fallu composer des bouchons de plusieurs morceaux de liége, de 20 à 24 lignes de hauteur, collés avec de la gélatine, et posés du bon sens, c'est-à-dire, les pores horizontalement.

J'ai soin que tous les morceaux de liége qui doivent composer l'intérieur d'un gros bouchon soient sans défaut et ajustés du bon sens, au moyen d'une râpe fine. Le morceau qui présente un défaut sur l'un de ses côtés, forme la partie extérieure du bouchon.

Lorsqu'un bouchon, composé de plus ou moins de pièces suivant son diamètre, est bien ajusté, j'assure les morceaux à leurs places avec un fil, afin que rien ne se dérange.

Tous les bouchons étant ainsi préparés, je procède au collage.

Manière de coller les gros bouchons.

J'employais autrefois, comme je l'ai indiqué dans les précédentes éditions, la colle de poisson pour coller les gros bouchons; mais ayant reconnu depuis que la gélatine fondue à chaud et avec un peu d'eau-de-vie lui était de beaucoup préférable sous le rapport de la solidité, et demandait bien moins de soins et de temps, j'ai abandonné mon ancienne méthode, et je ne me sers plus que de la gélatine pour coller les gros bouchons. Voici comment je les prépare: Quand avec un pinceau j'ai légèrement enduit de gélatine épaisse les morceaux de liége que je veux coller ensemble, je les place dans un châssis formé par l'assemblage de quatre pièces de bois, carrées de deux pouces, dont deux à tenons de chaque bout, et les deux autres à mortaises. Lorsque ce châssis est rempli de bouchons collés, je les presse, autant que possible, avec un coin de bois que j'introduis à coups de maillet dans les mortaises. Je les laisse ainsi en presse jusqu'à ce qu'ils soient devenus assez secs pour être tournés, opération qui consiste à leur donner avec le couteau de bouchonnier la forme convenable à l'usage auquel on les destine.

Après avoir bouché mes bocaux en faisant entrer de force les bouchons à l'aide de la palette et du casse-bouteilles, je les lute.

Du ficelage des bouteilles et bocaux de verre.

Quoiqu'il soit très-difficile de rendre intelligible la manière de ficeler les bouteilles, surtout pour ceux qui n'en ont aucune idée, je vais en essayer la description, en cédant au désir de plusieurs personnes qui me l'ont demandée.

Prenez un morceau de ficelle de la longueur de neuf ou dix pouces; donnez-lui, vers le milieu, la forme d'un cercle d'un pouce et demi environ de diamètre.

Faites faire un demi-tour à l'un des bouts de la ficelle sur l'autre, de manière que le bout formant le demi-tour entre tout doublé dans le cercle par le dessous, et s'élève du milieu de ce cercle à la hauteur à peu près d'un pouce.

La ficelle ainsi préparée, on l'applique, savoir: le cercle autour du col de la bouteille, et immédiatement au-dessous de la cordeline; et le morceau doublé qui s'élève au milieu du cercle, devra traverser le dessus du bouchon comme pour l'enfoncer dans la bouteille.

Cela fait, il faudra tirer les deux bouts qui se trouvent diamétralement opposés de chaque côté du col de la bouteille; par ce moyen, vous la serrerez solidement: alors il ne reste qu'à nouer fortement ensemble les deux bouts de ficelle sur le bouchon, de manière que le bouchon se trouve bien comprimé.

Ce nœud doit être simple, c'est-à-dire qu'on ne doit pas en faire deux l'un sur l'autre, comme il est d'usage. Cependant, dans sa simplicité, il exige deux tours de suite d'un bout de ficelle sur l'autre, au lieu d'un seul tour qu'on fait ordinairement, lorsqu'on veut faire un nœud double.

On coupera ensuite les deux bouts de ficelle au ras du bouchon.

L'élasticité du bouchon suffira pour empêcher le nœud de se défaire.

Comme ordinairement on ne se contente pas d'une seule ficelle, on en mettra une seconde, de la même manière que la première, mais en sorte que les deux ficelles qui doivent croiser le bouchon forment une croix. On coupera celle-ci comme la précédente.

Ficelage au fil de fer.

Le fil de fer n° 5 a la grosseur la plus convenable pour ficeler les bouteilles; il doit être recuit.

Ayez un morceau de fil de fer de la longueur d'un pied et demi; ployez-le en deux par le milieu, et tordez-le à l'endroit ployé, de la longueur de deux pouces environ; écartez ensuite les deux fils de fer par le bout qui n'est pas tordu; entourez avec ces deux fils le goulot de la bouteille, immédiatement au-dessous de la cordeline; rejoignez ces deux bouts, après en avoir entouré le col parfaitement; tordez-les ensemble, à deux tours seulement; relevez ensuite ces deux bouts de fil de fer sur le bouchon, ainsi que le premier bout doublé qui a été tordu au commencement, et qui doit se trouver de l'autre côté du col de la bouteille, diamétralement opposé aux deux derniers qui ont servi à entourer la bouteille: ces bouts, bien relevés et bien ajustés à la bouteille, tordez-les ensemble sur le milieu du bouchon, de manière que le bouchon se trouve bien comprimé par le fil; après avoir coupé ce fil de trois à quatre lignes de longueur, qui doit être parfaitement tordu, repliez la pointe sur elle-même, comme lorsqu'on replie la pointe d'un clou dans une planche que ce clou traverse. Attendu qu'il faut deux fils de fer pour bien ficeler une bouteille, on fera la même opération pour le second, en observant que ce dernier forme une croix sur le bouchon avec le premier.

Lut pour les bocaux.

Ce lut, communiqué par M. Bardel, se fait avec de la chaux vive qu'on fait éteindre à l'air en l'aspergeant d'un peu d'eau, jusqu'à ce qu'elle soit bien fusée et réduite en poudre. On la conserve ainsi dans des bouteilles bouchées pour s'en servir au besoin. Cette chaux, mêlée à du fromage blanc, dit *à la pie*, en consistance de pâte, produit un lut qui durcit promptement, et qui résiste à la chaleur de l'eau bouillante[16]. De ce lut, j'ai enduit tout le bouchon à l'extérieur, et j'ai garni le bord des bocaux de chanvre et de bandelettes de toile, par-dessus, bien appuyées contre le bouchon, et en descendant jusqu'à la cordeline; ensuite, afin que les fils de fer puissent prendre avec assez de force pour maintenir le bouchon, j'ai mis un morceau de liége de sept à huit lignes de haut et de seize à dix-huit de diamètre au milieu du grand bouchon, trop large, et sur lequel le fil de fer devenait de nul effet. Au moyen de ce second bouchon ainsi appliqué au milieu du grand, je suis parvenu à faire prendre de force le fil de fer, et à donner la solidité convenable aux bouchons.

Des vases de grès.

Dès l'origine de ma découverte, j'ai adopté les vases de verre comme les meilleurs et les plus sûrs pour la conservation des substances alimentaires; jamais je n'avais employé de vases de grès, n'ayant aucune confiance dans cette matière. En 1817, M. Peligot, administrateur des hôpitaux, cherchant à faire l'application de mes procédés au régime des malades des hospices, et trouvant les vases de verre d'une capacité trop petite et trop incommode pour les distributions journalières, me fournit l'occasion de faire une expérience avec des vases de grès.

Cet administrateur me proposa de faire cet essai dans des dames-jeannes de 25 et 50 litres, sur des gros pois, des sucs de groseilles, et sur des prunes de diverses espèces.

Je ne lui dissimulai pas la répugnance que j'avais toujours eue à me servir de vases de grès, et le peu d'espoir que j'avais du succès de cette expérience, à laquelle il voulait consacrer 300 francs. On ne tint compte de mes observations, et il fut décidé que l'essai aurait lieu.

Je pris toutes les précautions nécessaires pour me procurer les dames-jeannes des meilleures fabriques, et les mieux confectionnées. Après les avoir soumises à toutes les épreuves, même à celle de l'ébullition du bain-marie couvert pendant une heure, j'employai quinze de ces vases, contenant 25 et 50 litres, que je remplis des diverses substances indiquées plus haut. Après avoir été bouchés et ficelés avec toutes les précautions possibles, je les soumis au bain-marie, etc. Pendant cette opération il s'en cassa six, des deux grandeurs, dont deux contenaient du suc de groseilles, et les quatre autres des pois et des prunes de diverses espèces. Les neuf autres furent mis en réserve dans un cellier de la maison que j'habitais alors rue Cassette, faubourg-St.-Germain. Environ un mois après cette opération, vers les huit heures du soir, une dame-jeanne de 50 litres, pleine de suc de groseilles, fit une explosion telle, que la maison en trembla, et que tous les locataires en furent effrayés, surtout en voyant la cour inondée de suc de groseilles. Deux autres vases cassèrent aussi, mais sans détonation.

Il ne resta en définitive que six dames-jeannes saines et sauves qui furent conduites au mois d'avril suivant à la maison d'accouchement: on en fit la dégustation, et tout se trouva plus ou moins avarié.

J'ai rapporté cette expérience comme pouvant être utile aux personnes qui seraient tentées de faire usage des vases de grès.

CHAPITRE III.

Des boîtes de fer-blanc et de fer battu.

La conservation parfaite des substances alimentaires dépendant essentiellement du plus grand degré de perfection du métal employé à la confection des boîtes, il est important de consigner ici quelques remarques sur les qualités du fer-blanc que nous fabriquons en France.

La quantité prodigieuse que j'en ai employée pour la confection de plus de cent mille boîtes de toutes les capacités, m'a mis à même de faire un grand nombre d'observations, et m'a appris, trop souvent à mes dépens, à connaître une partie de ses imperfections.

De toutes nos fabriques, celles de Chaudeau et de Bains sont les deux qui fournissent la qualité de fer-blanc la plus appropriée à mon usage; néanmoins, malgré leur supériorité sur toutes les autres, elles sont loin d'avoir atteint à la perfection, et leurs produits laissent encore beaucoup à désirer, surtout à cause de la variation presque continuelle de leurs qualités qui devraient être uniformément les mêmes. Ces défauts de fabrication m'ont causé des pertes énormes, et m'ont mis dans le cas de renvoyer des quantités considérables à ces deux établissemens.

L'absolue nécessité où je suis de n'employer que du fer-blanc exempt de défauts, m'a obligé de rechercher la cause de ceux qu'il renferme.

Voici le résultat des observations qu'une longue expérience m'a permis de faire:

1° J'ai remarqué que la tôle est généralement sèche et cassante;

2° Qu'elle est mal laminée et remplie de gerçures;

3° Que le décapage en est incomplet et ne détruit pas les pailles;

4° Que l'étamage, en masquant tous ces défauts, ajoute aux inconvéniens qu'ils occasionnent, et empêche de les prévenir.

Dans la confection des boîtes, si les feuilles employées ont des pailles ou des gerçures, elles se séparent sous le marteau de l'ouvrier, soulèvent peu-à-peu l'étamage, et facilitent l'oxidation.

Lors de la dilatation qu'éprouvent les boîtes par l'application du calorique, les inconvéniens deviennent encore plus graves: les pailles se détachent complètement, et laissent après le refroidissement des interstices plus ou moins grands, mais inaperçus à cause de la légère couche d'étain qui les recouvre, et que le moindre choc détruit.

Ces considérations démontrent suffisamment toute l'attention que réclame le choix du fer-blanc destiné à la confection des boîtes, et toute la difficulté qu'il y a à s'en procurer pour cet usage; car il est juste de remarquer que les défauts que je viens de signaler, et que plus de soins dans la fabrication feraient bientôt disparaître, n'ont ici qu'une importance relative au degré de perfection qu'exige l'usage auquel je l'emploie, et que le même fer-blanc que je répudie peut être utilement employé à une multitude d'ouvrages.

Les fers-blancs anglais sont mieux étamés et plus brillans que les nôtres; et sans être meilleurs sous le rapport de la ductilité, ils sont beaucoup plus chers.

Les caisses en sont généralement mal assorties, et il y règne la même confusion de numéros que dans celles de nos fabriques.

J'aurai tout-à-l'heure occasion de revenir sur cet article, et d'entrer dans quelques détails relatifs à la supériorité réelle ou simplement apparente de ces fers-blancs sur ceux de France.

Si encore, dans le fer-blanc que nous livre le commerce, il était possible, en payant cher, de faire un choix, on pourrait arriver, avec quelques sacrifices, à obtenir de meilleurs résultats; mais il n'en est pas ainsi: les fabricans de fer-blanc n'ont pas l'habitude de faire des caisses particulières pour chaque qualité; ils réunissent le bon et le mauvais, le fort et le faible, le sec et le doux, etc, etc. Le petit nombre de marchands de Paris à qui ils expédient, et chez lesquels les ouvriers sont contraints de s'approvisionner, se refusent à les laisser choisir; de manière que pour avoir absolument la qualité qu'ils désirent, il faudrait qu'ils achetassent par cinquante caisses à la fois, et au prix qu'il plairait à ces entreposeurs de fixer.

On voit, par ce qui précède, combien d'avaries peuvent résulter de la mauvaise qualité du métal employé à la confection des boîtes, puisque la moindre fissure, la moindre paille, donnant entrée à l'air atmosphérique, peut occasionner la fermentation et par conséquent la putréfaction des substances qu'elles contiennent. Aussi je puis affirmer que toutes les difficultés que j'ai eues à surmonter dans les commencemens, pour parvenir à fermer hermétiquement mes bouteilles et bocaux, sont loin d'être comparables à celles que j'ai rencontrées dans la confection des boîtes.

On pourra m'objecter qu'en Angleterre, où se fait en grand l'application de mon procédé, on n'emploie que des boîtes de fer-blanc, et que pourtant toutes les conserves y réussissent parfaitement, puisqu'elles approvisionnent les escadres.

Je ne contesterai pas ce fait, mais je demanderai à nos voisins d'outre-mer quels sont les énormes sacrifices qu'ils ont faits depuis dix-sept ans pour atteindre au point de perfection auquel ils sont parvenus?

La première société qui s'est occupée chez eux de l'exploitation de mon procédé, ne l'a fait que d'après les données très-incertaines d'un Français nommé Gérard, qui apporta à Londres un exemplaire de la première édition de mon ouvrage; elle a perdu près de cent mille francs en moins de trois ans. De pareils résultats n'étaient pas encourageans, et il ne fallait pas moins que la persévérance anglaise pour donner suite à une opération, qui, chez toute autre nation, eût été abandonnée. Mais les Anglais ayant une fois reconnu l'infaillibilité du principe, et calculé tous les avantages qu'il présentait, ne reculèrent devant aucun sacrifice pour les obtenir.

L'Angleterre a été long-temps le seul pays où les métaux fussent bien travaillés, et ce n'est que depuis peu d'années que nos fabriques commencent à rivaliser avec les siennes. Indépendamment de ses mines, la facilité qu'ont ses manufacturiers de s'approvisionner en Suède des meilleures tôles et des étains les plus fins leur permet de fabriquer un excellent fer-blanc; et si celui qu'ils exportent ne présente pas une supériorité plus marquée sur le nôtre, il ne le faut attribuer qu'à l'attention constante qu'ils ont de tirer les meilleures qualités pour leur propre usage, et de n'expédier à l'étranger que les qualités les plus inférieures.

Avec de pareils avantages, le succès de la compagnie anglaise n'était pas douteux, et si mes facultés m'eussent permis de faire une partie de ses sacrifices, je n'aurais éprouvé aucune perte, et j'aurais eu, au contraire, la satisfaction de donner à ma découverte tout le degré de perfection auquel elle est susceptible d'atteindre.

De la confection des boîtes.

Les fers-blancs 2xx des fabriques de Bains et de Chaudeau sont ceux que j'emploie. Comme leurs caisses sont tiercées de feuilles de diverses épaisseurs, je commence par les diviser ainsi: les plus minces pour les petites boîtes; les numéros au-dessus pour les moyennes, et les plus fortes pour celles de grande capacité.

Chaque caisse doit peser de 155 à 160 livres, et contenir 225 feuilles.

Après avoir vérifié les poids et qualités, je procède au choix des feuilles, en les examinant attentivement des deux côtés, afin de reconnaître, autant que possible, les défauts de laminage masqués par l'étain, et qui ne s'aperçoivent que par de petites soufflures plus ou moins apparentes aux surfaces. Je mets au rebut les feuilles dans lesquelles je reconnais des défauts; quant à celles dont la ductilité est convenable à la bonne confection des boîtes, je le reconnais ainsi: je ploie le coin de la feuille en le frappant sur le tas avec un marteau; si le fer qui compose la tôle est aigre, le pli présente des gerçures et même des cassures qu'il n'offre pas quand la feuille est bonne.

L'expérience me dispense de cette épreuve, et il me suffit de toucher le fer-blanc avec deux doigts pour reconnaître son degré de flexibilité.

La forme ronde est celle qui convient le mieux aux boîtes destinées à la conservation des substances. À la sollicitation de plusieurs marins, j'en ai fait établir de carrées qu'ils regardaient comme plus propres à l'arrimage; mais j'ai reconnu que cette dernière forme, sans offrir les avantages qu'on en espérait, présentait trop d'inconvéniens pour qu'on puisse l'adopter. Elle demande beaucoup plus de précautions dans la confection, et coûte par conséquent beaucoup plus cher. Lors de l'application du calorique, la boîte carrée se déprime sur les six faces, ce qui présente pour l'arrimage dans les caisses une quantité de vides que ne cause point la boîte ronde, déprimée seulement dessus et dessous; elle doit donc être la seule adoptée, si ce n'est pour certaines conserves, telles que volaille, gibier, etc., pour lesquelles on doit faire les boîtes ovales.

Je fais disposer à l'avance des boîtes de toutes les dimensions, dont je présume avoir besoin, depuis 2 pouces de haut, pour les plus petites, jusqu'à 24 pouces pour les plus grandes, toutes sur le diamètre de 2 à 8 pouces. Comme la différence des grandeurs donnerait beaucoup de fausses coupes dans les feuilles de fer-blanc, j'ai la plus grande attention, pour éviter les pertes qui en résulteraient, de calculer la coupe des grandes et moyennes dimensions, de manière à pouvoir faire servir les bandes qui en proviennent à la confection des plus petites boîtes.

Avant tout, il faut, ainsi que je l'ai déja dit, se munir, 1° du meilleur fer-blanc possible; 2° d'étain fin et de plomb neuf, dont on puisse composer une bonne soudure, qui ne soit ni trop claire, ni trop forte. J'indique le plomb neuf, parce que souvent, dans le vieux, il se rencontre du régule qui perd la soudure; 3° et c'est surtout le point essentiel, s'assurer d'un bon ouvrier ferblantier, capable de s'élever au-dessus des routines du métier, et de bien concevoir toute l'importance qu'on doit attacher à la soudure des boîtes dans l'opération dont il s'agit. Un pareil ouvrier est, il faut le dire, très-difficile à trouver: habitués à la fabrication d'ustensiles de peu de valeur, les ferblantiers sont communément peu soigneux; et, quand ils sont parvenus à faire une cafetière ou une casserole qui ne fuie pas, ils croient avoir atteint à la perfection de leur art, et ne conçoivent pas qu'on puisse exiger davantage.

En adoptant l'usage des boîtes, je compris la nécessité d'attacher à ma fabrique un bon ferblantier que je stylai moi-même, et que je surveillai long-temps; quand à force de temps et de patience, je l'eus amené au point où je le désirais, j'en fis mon contre-maître pour cette partie, et lui confiai la direction d'une quinzaine d'ouvriers, qu'à mes dépens il instruisit à son tour. Je me reposai entièrement sur lui du soin de distribuer l'ouvrage à chacun, me réservant seulement de veiller à ce qu'il choisît les ouvriers les plus intelligens pour les travaux les plus difficiles, chose toute simple en apparence, et que pourtant les contre-maîtres n'observent pas toujours, soit par insouciance, soit par d'autres motifs non moins blâmables.

Voici le détail des diverses opérations qu'exige la parfaite confection de mes boîtes:

Suivant la nature des conserves que je me propose de faire, je calcule approximativement le nombre qu'il m'en faut de telle ou telle dimension; mon contre-maître s'occupe d'abord de la coupe des *hausses* de ces boîtes, qu'il distribue aux ouvriers chargés de les arrondir sur *la bigorne*, et de leur donner ensuite la première soudure aux deux extrémités, qui doivent croiser l'une sur l'autre de 4 à 5 lignes, afin de donner à la hausse plus de solidité, et la forme d'un manchon. Cette première soudure, en dehors, doit être faite à *cœur* grassement et avec toute la précision possible. Elle doit être recouverte dans l'intérieur, avec la même exactitude[17].

Les hausses ainsi disposées, le contre-maître coupe les fonds, dont le diamètre excède celui de ces hausses de 2 à 3 lignes; cet excédant doit être rabattu avec précision et rétreint à boudin sur le bordoir, pour bien emboîter la hausse à sa base.

Après avoir ajusté le fond, on le soude à cœur à l'extérieur, afin que la soudure puisse pénétrer entre son recouvrement et la boîte de manière à n'en faire qu'un seul corps. Cette opération terminée, on garnit cette première soudure à son pourtour et sur la ligne de jonction du fond avec la hausse en *gouttes de suif* assez rapprochées pour se toucher, et en observant bien de ne laisser aucune soufflure.

Ensuite, au moyen du *fer droit*, on garnit l'intérieur du fond, aussi à son pourtour, d'un peu d'étain, en ayant l'attention de ne pas endommager la garniture extérieure, ce qui ne manquerait pas d'arriver si le fer était trop chaud.

Avant de souder, on frotte de sel ammoniac les tranches des feuilles de fer-blanc pour leur donner plus d'adhérence avec la soudure.

Les couvercles sont coupés sur le même diamètre que les fonds; ils sont également rabattus et rétreints sur le bordoir. Lorsqu'ils sont ajustés et qu'ils ferment exactement, avec un emporte-pièce du diamètre de 6 lignes, on les perce[18] sur le côté à un bon pouce du bord. L'usage de cette ouverture sera indiqué plus bas.

Dès qu'on a confectionné la quantité de boîtes des différentes dimensions que l'on désire, on met dans chacune son couvercle pour éviter la confusion, et on place le tout au magasin pour s'en servir au besoin.

Des boîtes de fer battu.

Le capitaine Freycinet avait remarqué que les boîtes de fer-blanc formaient encombrement à bord des vaisseaux, lorsqu'elles étaient vidées, et que l'on était obligé de les jeter à la mer pour s'en débarrasser. Il m'engagea à employer dorénavant, pour la confection des boîtes, une matière plus solide que le fer-blanc, et qui, indépendamment de l'avantage de servir plusieurs fois à la conservation des substances alimentaires, pourrait au besoin, dans les relâches que l'on est souvent obligé de faire dans les voyages de long cours, servir de casseroles en y ajoutant une queue. Quant à moi, les motifs que j'ai donnés plus haut me faisaient désirer ardemment de trouver un moyen de remplacer le fer-blanc. Nous examinâmes les diverses matières qui pouvaient être employées à faire des boîtes, et notre choix se fixa définitivement sur le fer battu.

Je fis l'essai de boîtes en fer battu bien étamées en dedans et en dehors, et de la capacité de 4 à 45 livres. Cette expérience réussit complètement, et je fus convaincu que cette matière conviendrait infiniment mieux à mes opérations que le fer-blanc. Occupé alors de fournitures considérables pour le ministère de la marine, j'avais un approvisionnement de boîtes de fer-blanc confectionnées à l'avance, de manière à fournir dans le mois douze à quinze cents boîtes de substances conservées. Je ne pouvais faire un sacrifice aussi considérable, et je me vis forcé d'attendre que l'écoulement graduel et successif de mon approvisionnement en boîtes de fer-blanc me permît de donner suite à cette expérience. La difficulté de se procurer du fer battu convenable sous le rapport de l'épaisseur et surtout du prix, contribua aussi à m'en faire ajourner l'emploi.

Il n'y a guère plus de quarante ans que l'Allemagne était encore en possession de fournir à nos maisons opulentes des batteries de cuisine en fer battu: on a renoncé à s'en servir pour quelques inconvéniens qu'elles présentaient, et qu'il eût été facile de prévenir[19]. L'usage des casseroles de cuivre, malgré les inconvéniens qui lui sont particuliers, a été universellement adopté dans les grandes cuisines.

Il est néanmoins étonnant que ce genre de fabrication, très-utile et susceptible de nombreux perfectionnemens, soit resté stationnaire au milieu de l'élan général de toutes les industries. A peine quelques personnes s'en occupent-elles aujourd'hui, et encore n'est-ce que pour des ustensiles grossiers et de peu de valeur. A la dernière exposition de nos produits nationaux, je n'ai vu, en fer battu, que cinq à six casseroles sorties de la fabrique de MM. Chapy frères, de Beaucour, département du Haut-Rhin.

Il serait pourtant à désirer, dans l'intérêt des classes moyennes, que la fabrication du fer battu prît quelque faveur; sans parler de la répugnance qu'inspire le cuivre, sa cherté est excessive; pour le fer-blanc, son peu de solidité et les fréquens renouvellemens qu'il exige ne le rendent guère moins coûteux[20].

Les vases en fer battu sont brasés, par conséquent sans soudure, ce qui permet à l'ouvrier qui les fabrique d'en reconnaître les défauts lors du planage, de les corriger, et de s'assurer de leur bonne confection avant de les soumettre au bain d'étamage, certitude qu'avec le fer-blanc il ne peut jamais obtenir, quelle que soit l'exactitude qu'il apporte à son travail.

Manière de confectionner les boîtes en fer battu.

On emploie pour la confection des boîtes de fer battu, des feuilles de tôle bien ductiles et sans aucun défaut, de laminage et décapage également soignés. L'ouvrier en fait des boîtes dont les hausses et les fonds sont brasés solidement. L'ouvrier a soin de bien planer et de faire disparaître toutes les petites pailles qui pourraient exister. Lorsque la boîte et son couvercle sont ainsi préparés, on les passe dans un bain d'étamage fin, et l'on s'en sert ensuite comme des boîtes de fer-blanc. Les couvercles se font de la même manière que ceux des boîtes de fer-blanc. (Pag. 38.)

On conçoit facilement que, par cette nouvelle méthode de confectionner les boîtes, il n'y a d'autre soudure que celle qui ferme le couvercle, ce qui les rend infiniment plus solides que les boîtes de fer-blanc. Les boîtes de fer battu ont en outre l'avantage de servir plusieurs fois à la conservation des substances alimentaires, et de pouvoir être utilisées dans les ménages comme casseroles, etc., etc.

CHAPITRE IV.

Du Bain-marie.

L'opération du bain-marie, dont dépend la conservation des substances, ayant pour objet de les frapper d'une intensité de chaleur assez forte pour que l'air renfermé dans les bocaux ou boîtes qui les contiennent, éprouve une entière décomposition, il n'est pas nécessaire que ces bocaux ou boîtes soient immergés, il suffit qu'ils soient enveloppés d'une atmosphère de vapeur assez élevée pour produire cet effet.

Dans l'origine de ma découverte j'ai tenté l'application du calorique par divers moyens, qui tous, à côté de leurs avantages, présentaient de graves inconvéniens. Le bain-marie à découvert, dont j'ai bientôt reconnu le vice radical; le bain-marie couvert, auquel je suis irrévocablement fixé, et le bain de vapeur, ont été tour à tour l'objet de mes expériences et de mes réflexions. Je ne reviendrai pas sur les détails que j'en ai donnés dans mes précédentes éditions. Je me bornerai ici à décrire les procédés du bain-marie couvert, tel que je le pratique depuis près de quatorze ans[21].

Bain-marie, couvert.

Je range les vases ou bouteilles debout dans une chaudière, ensuite je l'emplis d'eau fraîche de manière que les vases y baignent jusqu'à la cordeline (ou bague). Je couvre les vases ou bouteilles de linges mouillés, je ferme l'appareil de son couvercle luté soigneusement et chargé d'un poids de 25 kilogrammes, afin de fermer toutes les issues et d'empêcher le plus possible l'évaporation du calorique. La chaudière ainsi disposée, je mets le feu dessous. Lorsque le bain-marie est parvenu à l'ébullition, je continue ce degré de chaleur plus ou moins de temps, suivant la nature des substances sur lesquelles j'opère. Le temps révolu, je retire le feu; un quart d'heure après je décante l'eau du bain par le robinet; une demi-heure après l'eau retirée, je découvre la chaudière; je n'en tire les bouteilles qu'une heure après l'ouverture, ce qui termine l'opération.

Comme il est difficile de s'imaginer le nombre prodigieux d'essais qu'il m'a fallu faire pour arriver à simplifier autant le procédé que je viens de décrire, je pense qu'il ne sera pas sans quelque utilité pour les personnes qui voudraient pratiquer ma méthode de trouver rapportées ici les principales expériences qui m'ont insensiblement conduit au degré de perfection où je l'ai portée.

Première expérience. La manière de fermer l'appareil en faisant poser son couvercle sur les bouteilles, ainsi que je l'ai décrit dans la précédente édition, ne remplissait qu'imparfaitement mon but, et dans l'opération j'éprouvais toujours une casse considérable. Dans l'espoir de remédier à ce grave inconvénient, j'essayai d'opérer à vase découvert; le résultat fut d'abord encourageant, la casse des bouteilles fut beaucoup moins forte, mais au bout d'un mois la plupart de celles que j'avais soumises à ce bain-marie, éclatèrent dans le magasin.

Cette avarie inattendue me donna un ample sujet de réflexions, je m'arrêtai enfin à l'idée que le bain-marie découvert ne pouvait procurer une assez forte intensité de chaleur pour opérer la décomposition de l'air renfermé dans les bouteilles: en effet, on conçoit que l'évaporation continuelle qui a lieu pendant l'ébullition, empêche l'eau de retenir un volume de calorique assez considérable pour amener ce résultat; voulant me convaincre de la vérité de cette réflexion par une expérience, je fis la suivante.

Deuxième expérience: Je plaçai debout, dans un appareil, vingt-cinq bouteilles renfermant différentes substances; je versai l'eau jusqu'à trois pouces de la cordeline; je couvris ce premier rang d'une grille, sur laquelle je rangeai vingt-cinq autres bouteilles, qui, par conséquent, ne baignaient point dans l'eau. Comme cette seconde rangée excédait la hauteur de la chaudière, je me servis, pour la fermer, d'un couvercle convexe (une espèce de cloche), posant de justesse sur ses bords, et que je chargeai d'un poids de 25 kilogrammes; outre cette précaution, je pris encore celle de bien luter avec du linge mouillé, afin de mieux concentrer le calorique dans l'appareil et de le porter au degré d'intensité nécessaire à l'opération. Cette préparation achevée, j'allumai le feu et poussai le bain à l'ébullition; alors, et pour le maintenir à ce point, je diminuai progressivement le feu.

L'appareil ainsi fermé ne laissa échapper aucune parcelle du calorique, qui, tout-à-fait comprimé dans l'intérieur, augmenta d'intensité jusqu'au degré suffisant pour atteindre les substances et en opérer la conservation.

Le succès de cette expérience fut complet, toutes les substances furent bien conservées, et le déchet n'excéda pas deux bouteilles sur cent.

Troisième expérience: Lors de la seconde invasion, quand les alliés eurent détruit de fond en comble mon bel établissement de Massy, qu'ils transformèrent en hôpital, je vins me réfugier à Paris avec les débris de quelques-uns de mes appareils.

J'habitais un très-petit local, rue Cassette, où, bien que dénué des ustensiles nécessaires, je ne laissai pas de m'occuper de la conservation des légumes et des fruits.

Tout à l'étroit que j'étais, je continuai de faire l'application du calorique par le même procédé que je viens d'indiquer, je lui donnai même encore plus d'extension; le manque d'appareils en quantité suffisante pour faire marcher mes opérations avec la rapidité qu'exige le peu de durée de la saison des fruits, me suggéra l'idée de mettre à la fois dans une seule chaudière, et en les rangeant sur trois rangs, jusqu'à cent bouteilles de substances à conserver, la première rangée ayant de l'eau à trois pouces de la cordeline, et la dernière se trouvant absolument hors de l'appareil; les bouteilles de ce dernier rang étaient maintenues avec des ficelles et soigneusement enveloppées de linges. Pour fermer ce gigantesque appareil, à défaut de couvercle, je fis usage d'une chaudière vide de la grandeur de la première, que je renversai dessus comme une cloche; après avoir luté et chargé ce couvercle d'un poids de 25 kilogrammes, je continuai l'opération ainsi que dans l'expérience précédente et j'obtins le même succès[22].

Quoique la plupart des personnes qui font des conserves d'après mon procédé, n'emploient que le bain-marie découvert, l'incontestable avantage du bain-marie couvert n'en sera pas moins facilement compris, si l'on veut considérer que l'eau, toute perméable qu'elle est à la chaleur, ne peut la retenir à plus de 85 degrés de Réaumur, dans un vase ouvert, température beaucoup trop basse pour atteindre les substances soumises à son action, et qui ne peut être augmentée que par la concentration du calorique, ce fluide tendant toujours à s'élever et ne faisant que traverser le liquide, dans lequel d'ailleurs il ne porte qu'une chaleur inégale, celle de la région inférieure du vase étant toujours moins grande que celle de sa superficie.

A l'époque où je ne pratiquais que le bain découvert, je ne m'étais jamais inquiété de la différence qui pouvait exister entre ses résultats et ceux du bain-marie couvert. Un jour que je voulais opérer sur une seule bouteille de truffes, j'imaginai de la mettre dans une marmite de terre, dont elle se trouva excéder la hauteur; pour obvier à cet inconvénient, j'entourai le haut de cette bouteille d'un torchon mouillé ployé en quatre, et je recouvris ensuite cette espèce d'appareil avec une soupière de faïence renversée, du diamètre exact de la marmite, de sorte que le torchon mouillé qui les séparait les lutait parfaitement; j'ajoutai à ce couvercle un poids de quatre livres. Pendant l'ébullition, je remarquai bien qu'il ne s'échappait aucune vapeur à travers le torchon mouillé; mais sans m'arrêter à cette remarque, et préoccupé d'un autre objet, je continuai de pousser l'ébullition sans penser à diminuer l'intensité du feu. Cette distraction faillit me coûter cher, car au bout d'une demi-heure, l'extension du calorique parvint à un si haut degré qu'il produisit une horrible explosion.

Averti par le bruit, j'accourus contempler les résultats de mon imprudence: le fragile couvercle de mon appareil avait sauté au loin; mais ce qui me surprit étrangement fut de trouver la marmite défoncée, ainsi que la bouteille, et la partie supérieure de cette dernière debout au milieu du fourneau éteint. Après avoir un peu réfléchi sur ce singulier effet, je reconnus, par ma propre expérience, que le calorique arrêté par l'obstacle que j'avais opposé à son évaporation, en lutant trop bien l'appareil, avait réagi sur lui-même, et défoncé la marmite, au lieu de la faire éclater sur ses flancs, par la raison que tendant toujours à s'élever, il s'était trouvé concentré dans une proportion plus grande à la région supérieure du vase qu'à sa base, et qu'alors il s'était frayé une issue, en pesant de toute sa puissance sur la partie la plus faible de la marmite qui se trouva être le fond.

Description d'un appareil à vapeur employé dans une taverne de Londres[23].

Lors de mon voyage à Londres en 1814, j'ai vu, dans une taverne de la Cité, celle où la Banque donne ses fêtes, un appareil à vapeur fort simple, et au moyen duquel on fait cuire tous les jours le dîner de cinq à six cents personnes.

Il consiste en trois fourneaux[24] établis dans une cuisine spacieuse, et près desquels règne adossée au mur et à leur hauteur, une table de 18 pouces de large. A trois ou quatre pouces au-dessus de cette table, et dans toute sa longueur, il existe un tube ou conduit de chaleur de deux pouces de diamètre aux trois quarts engagé dans le mur. Ce conduit est armé de robinets placés de distance en distance, et vis-à-vis desquels des casseroles sont posées sur la table. Celles-ci sont ovales, à double enveloppe, et garnies vers le mur d'une douille dans laquelle s'adapte le robinet de chaleur.

La casserole intérieure, destinée à contenir les mets, est soudée au collet de celle formant enveloppe, de sorte que hors ce point de contact, ses parois sont isolées de cette dernière par un vide de 18 lignes environ; quand les mets que l'on veut cuire sont placés dans la casserole, ce qui se fait par une ouverture pratiquée dans le couvercle dormant de l'enveloppe, on ouvre le robinet de chaleur par lequel la vapeur s'introduit dans l'intervalle vide ménagé entre les deux boîtes et y circule pendant le temps nécessaire à la cuisson des mets. De temps en temps et à l'aide d'un robinet placé à cet effet sur le devant de la boîte d'enveloppe, on fait échapper l'eau produite par la condensation de la vapeur.

Cet appareil distribue assez de calorique pour mettre à la fois en action cinquante casseroles contenant les mets les plus variés, soit en viande, poisson ou légumes, et pour chauffer deux grandes étuves, et un réservoir dont l'eau sert à laver la vaisselle et la batterie.

Devant le foyer de l'appareil, alimenté par du charbon de terre, tournent l'une au-dessus de l'autre quatre broches garnies de grosses pièces de boucherie.

On ne peut vraiment s'empêcher d'admirer l'ingénieuse simplicité de cet appareil qui, réunissant à une grande économie de combustible l'avantage de donner à la cuisson le degré de précision convenable, pourrait être pour nos hospices et autres établissemens publics de la plus grande utilité. Mais il faut convenir en même temps qu'il ne pourrait être appliqué que comme moyen secondaire dans nos grandes maisons, et même chez nos restaurateurs en renom, où la délicatesse de la table est portée à son comble. L'adoption de ce procédé introduirait pourtant une grande amélioration dans le service, si on l'employait à chauffer la table où se dressent les entrées, et si on le substituait à l'usage des cloches et surtout des réchauds qui ont le grave inconvénient de gratiner, de faire tourner les sauces et tourner le beurre en huile. Il permettrait au chef de dresser tranquillement vingt-cinq et trente entrées sans craindre qu'aucune refroidisse, et il ne serait plus obligé d'employer toutes les ressources de son agilité pour dresser avec la promptitude exigée par certains mets qui doivent être servis bouillans. Je sais qu'on pourra me faire observer qu'au moyen d'une étuve on peut facilement se passer de tout cet appareil; mais au sortir de cette étuve, dans laquelle d'ailleurs les plats se trouvent sans ordre, on est obligé de les reposer sur la table de service pour y figurer la place qu'ils doivent tenir, et le temps employé à régler cet ordre est plus que suffisant pour refroidir tout le dîner.

Instruction pratique sur l'application du calorique par la vapeur.

Pour éviter les répétitions à chacune des expériences contenues dans cet ouvrage, et ne pas confondre la manière d'appliquer la chaleur avec celle du bain-marie, que je regarde et que j'indique toujours comme la plus commode pour tous les ménages, je vais instruire ici les personnes qui voudront opérer en grand et faire usage de la vapeur, du compte que je me suis rendu sur le plus ou moins de temps que les diverses substances que l'on veut conserver, doivent rester exposées à l'action du calorique produit par la vapeur de l'eau bouillante, à partir du moment où l'eau entre en ébullition.

Les petits pois.	deux heures.
Les petites fèves robées.	une bonne heure.
Les petites fèves dérobées.	une heure et demie.
Les haricots verts et blancs.	une heure et demie.
Les artichauts.	une heure.

Tous les fruits et leurs sucs tels que groseilles, framboises, cerises, cassis, mûres, abricots, pêches, prunes de reine-claude et de mirabelle, poires, etc., deux minutes d'ébullition. De même toutes les substances animales et végétales qui ont subi une première préparation sur le feu, comme les tomates, la chicorée, l'oseille, etc., les viandes préparées, les consommés, les gelées, etc., n'ont besoin que de trois quarts d'heures d'ébullition.

Le lendemain ou quinze jours après (cela est indifférent) que les substances ont reçu l'application du calorique, soit par le bain-marie, soit par la vapeur de l'eau bouillante de l'une ou de l'autre manière, je range mes bouteilles sur des lattes, comme le vin, dans un endroit tempéré et à l'ombre; si je me propose de les expédier au loin, j'ai soin de les luter avant de les disposer sur les lattes, autrement cette dernière opération n'est pas de rigueur; j'ai encore des bouteilles couchées sous un escalier depuis trois ans, dont les substances ont autant de saveur, que si elles venaient d'être préparées, et cependant elles n'ont pas été lutées.

On vient de voir par tout ce qui précède, que toutes les substances alimentaires qu'on veut conserver, doivent être soumises, sans exception, à l'application de la chaleur au bain-marie, d'une manière convenable à chacune d'elles, après avoir été privées rigoureusement du contact de l'air, par les soins et les procédés que j'ai indiqués.

Le principe conservateur est invariable dans ses effets, comme je l'ai déja observé. Ainsi toutes les avaries que j'ai éprouvées dans mes opérations, n'avaient d'autre cause qu'une mauvaise application du principe, ou d'oubli et de négligence dans les procédés préparatoires, d'après le compte que je m'en suis rendu. Il m'arrive encore quelquefois de ne pas réussir complètement dans toutes mes opérations; mais quel est l'artiste qui ne s'est jamais trompé? Peut-on se flatter d'éviter constamment une avarie qui peut être causée par un défaut existant, soit dans un vase, soit dans l'intérieur d'un bouchon? etc. A la vérité, ces cas sont extrêmement rares, lorsqu'on y fait attention.

Il résulte de la description de ces procédés préparatoires, que quelques personnes pourraient regarder comme compliqués, qu'ils se réduisent tout simplement aux quatre objets indiqués page 1.

En effet, il est facile de voir que cette nouvelle méthode n'a rien de particulier, que l'application de toutes les substances à l'action de l'eau bouillante du bain-marie.

Sans avoir rien innové, j'ai rappelé à des principes généraux connus de tout temps, sur la nécessité et l'attention de se procurer de bonnes bouteilles, de bons bouchons, et particulièrement sur le parfait bouchage, des boîtes bien confectionnées et fermant exactement, principe dont on s'écarte trop souvent, faute de réfléchir aux inconvéniens qui résultent de cette négligence.

J'ai donc dû entrer dans ces détails, parce que c'est de toutes ces précautions que dépend tout le succès.

Moyens de distinguer, au sortir de la chaudière, les bouteilles ou vases qui, en raison de quelque accident causé ou par l'action du feu, ou par défaut d'attention dans les procédés préparatoires, pourraient s'avarier.

Chaque opération terminée, n'importe de quelle espèce, j'ai le plus grand soin d'examiner, avec attention, l'une après l'autre, toutes les bouteilles sortant de la chaudière.

J'en ai remarqué, avec des défauts dans le verre, comme des étoiles, des fêlures, occasionnées par l'action du calorique au bain-marie, ou par le ficelage, lorsque l'embouchure du vase est trop faible; d'autres qui annonçaient par un peu d'humidité autour du bouchon, ou par de petites taches à l'embouchure, que l'objet renfermé avait filtré au-dehors au moment de la dilatation qu'opère l'application de la chaleur au bain-marie: voilà les deux remarques principales que j'ai faites; aussitôt que j'ai reconnu quelques bouteilles avec ces défauts, comme j'étais sûr qu'elles ne se conserveraient pas, je les ai mises de côté pour en faire usage de suite, afin qu'il n'y eût rien de perdu.

La première cause d'avarie que je viens de signaler, tient à la qualité et à la mauvaise confection des bouteilles; mais la seconde peut provenir, 1° d'un mauvais bouchon; 2° d'avoir mal bouché; 3° d'avoir trop empli la bouteille; 4° enfin, de l'avoir mal ficelée, etc. Une seule de ces fautes suffit pour perdre une bouteille, à plus forte raison lorsqu'il y a complication.

Dans l'application de la chaleur au bain-marie, j'ai rencontré bien des obstacles, particulièrement pour les petits pois; car c'est de toutes les substances la plus difficile à conserver parfaitement. Ce légume cueilli trop tendre ou trop fin, fond en eau; la bouteille se trouve en vidange de moitié, et cette moitié n'est pas même propre à être gardée; lorsque j'en trouve par hasard dans ce cas, j'ai le soin de les mettre de côté pour en faire usage de suite. Si les petits pois sont cueillis de deux ou trois jours par la chaleur, ils ont perdu toute leur saveur; ils durcissent, ils entrent en fermentation avant l'opération; les bouteilles cassent avec détonation, au bain-marie; celles qui résistent, cassent successivement, ou sont défectueuses, ce qui se reconnaît facilement par le suc qui se trouve dans la bouteille, lequel est trouble, au lieu que les petits pois bien conservés ont leur suc limpide.

REMARQUE.

Il vaut infiniment mieux conserver des pois moyens et un peu mûrs, que des pois trop tendres: outre que ces derniers très-souvent se déforment, produisent beaucoup d'eau de végétation, et qu'il n'en reste que l'enveloppe, ils prêtent beaucoup plus à la fermentation que les premiers, qui, s'ils sont bien préparés, ainsi que je l'ai décrit, ne peuvent occasionner de casse; il en est de même du gros pois pour faire des purées, à moins que les bouteilles n'aient quelques défauts, tels que de petites étoiles, ou bien que la partie inférieure soit extrêmement épaisse[25].

Manière d'appliquer les substances en boîtes de fer-blanc et de fer battu au bain-marie.—Moyen de distinguer, au sortir de la chaudière, les boîtes qui, en raison de quelque accident causé ou par l'action du feu ou par défaut d'attention dans les procédés préparatoires, pourraient s'avarier.

Les boîtes étant bien disposées, je les range dans une chaudière garnie d'un diaphragme mobile ou faux fond percé de trous dans toute sa surface, et placé à un pouce de distance du fond. Lorsque le premier lit est complet, j'en fais un deuxième, un troisième et même plus si la chaudière est assez haute, et les boîtes assez nombreuses pour la garnir. J'ai soin d'emplir d'eau la chaudière jusqu'au trois quarts et demi, c'est-à-dire trois à quatre pouces du bord. Je couvre ensuite à leur surface toutes les boîtes placées l'une sur l'autre, de deux linges, et je ferme exactement la chaudière de son couvercle; j'allume alors le feu, que je conduis avec modération, jusqu'à l'ébullition que je continue pendant trois quarts d'heure. Après avoir retiré le feu, je laisse le tout refroidir pendant deux heures, ou du soir au lendemain matin, ce qui est indifférent, lorsque l'opération se fait à la fin de la journée. On retire alors l'eau par la cannelle de décharge, et ensuite les boîtes que l'on range sur une table.

Au sortir de l'appareil, les boîtes de fer-blanc et de fer battu sont généralement plus ou moins *convexes* dessus et dessous, suivant le degré de chaleur que les boîtes contiennent en sortant du bain-marie; et au fur et à mesure qu'elles refroidissent, elles se dépriment et deviennent *concaves*; ce changement est indiqué par un cliquetis causé par la rentrée des couvercles et des fonds des boîtes. Toutes celles qui sont devenues *concaves* indiquent que le vide est opéré, et par conséquent que l'objet est parfaitement conservé. Celles au contraire qui restent *convexes* après le parfait refroidissement (ce qui arrive quelquefois), annoncent un défaut soit dans la confection ou dans la fermeture de la boîte. Je mets de côté celles qui sont dans cet état pour les visiter deux ou trois jours plus tard.

Lorsque l'ouvrier a mis un couvercle trop grand, la boîte reste *convexe*; on s'en aperçoit aisément en appuyant dessus. Avec la main ou avec le maillet, on fait rentrer le couvercle ainsi que le fond; et si l'un ou l'autre oppose de la résistance, on fait l'ouverture de la boîte pour en retirer le contenu que l'on place dans une autre boîte avec toutes les précautions que nous avons recommandées.

Toutes les boîtes, après avoir été bien visitées et reconnues *concaves* ou *déprimées*, sont peintes à l'huile 8 à 10 jours après leur confection, et enregistrées avec un numéro d'ordre, la date de la fabrication, la désignation du contenu, et mises en magasin.

Je les fais peindre à l'huile à l'extérieur afin d'éviter l'oxidation ou la rouille.

Malgré tous les soins apportés à la bonne confection des boîtes de fer-blanc, de fer battu, et de leur contenu, ainsi qu'à l'application du bain-marie, il est bien nécessaire de visiter souvent toutes les boîtes mises en magasin, afin de reconnaître celles qui présenteraient des défauts de confection qui ne se seraient point manifestés après l'application du bain-marie; ces défauts n'apparaissent ordinairement qu'un ou deux mois après cette opération, et quelquefois plus tard. Toutes les boîtes *bombées* ou *convexes*, qui se trouvent dans le magasin, sont mises à part afin de m'assurer de l'état de conservation des objets qu'elles renferment. Je les fais ouvrir pour changer le contenu des boîtes, ou en faire usage, si cela est possible. Dans le cas contraire, je le fais jeter.

Afin de ne rien laisser à désirer sur cet objet, je place ici les instructions que je remets aux consommateurs; elles sont insérées dans mon catalogue.

Conditions auxquelles M. Appert garantit ses conserves.

La nature du procédé par lequel s'obtient la conservation des substances, exigeant qu'elles soient livrées dans des boîtes hermétiquement fermées, ce qui interdit à l'acheteur la faculté de les vérifier, M. Appert s'est cru obligé d'en garantir la bonne qualité, mais avec des réserves, et de manière à n'être pas victime des nombreux abus auxquels sa loyauté n'aurait pas manqué de donner lieu.

1° Les boîtes *convexes* ou *bombées* dessus et dessous sont présumées avariées; dans ce cas elles ne doivent pas être ouvertes, mais elles doivent être mises de côté pour être rapportées au retour.

2° M. Appert ne s'engage à remplacer que les boîtes qui lui seront représentées, et ne tient nul compte de celles que l'on prétendrait avoir été jetées à la mer.

3° Toutes les substances destinées particulièrement pour les voyages de mer et de long cours doivent être confiées, à bord des bâtimens, à la surveillance d'une personne qui puisse, par ses soins, les garantir de tous les accidens de la traversée, notamment d'être bousculées, maltraitées ou placées à l'humidité; ces précautions sont d'autant plus urgentes, que le moindre choc qu'elles pourraient recevoir, produirait des avaries dans les boîtes, et la casse des vases de verre.

Dans le cas où, au retour, l'état des boîtes indiquerait que ces précautions n'auraient pas été observées, il n'y aura lieu à aucun remplacement.

M. Appert prouve sa bonne foi en reprenant, comme il l'a toujours fait, toutes les boîtes *convexes* ou *bombées*, qui sont rapportées intactes au dépôt; c'est là où se borne toute sa responsabilité.

Celle des acheteurs se réduit à très-peu de choses, puisqu'elle est subordonnée au plus ou moins de soins qu'ils feront prendre à bord pour garantir les conserves de tous mauvais traitemens.

Dans les boîtes avariées, c'est-à-dire *convexes* ou *bombées*, qui seraient mises de côté pour les rapporter au retour, il pourra s'en trouver une tout au plus sur vingt-cinq, qui puisse exiger le jet à la mer par la mauvaise odeur provenant d'une petite ouverture, soit dans la fermeture ou dans le corps de cette boîte. C'est une vérité reconnue par plus de quinze ans d'expérience.

Cette perte est bien peu de chose comparativement à celles qu'on éprouve sur les endaubages, les salaisons et tant d'autres comestibles dont les fournisseurs ne tiennent aucun compte.

En terminant cet article, je dois appeler l'attention sur les perfectionnemens que j'ai obtenus depuis la publication de la troisième édition de cet ouvrage. Je suis parvenu à simplifier les procédés, et à introduire plus d'économie dans leurs applications. Ces perfectionnemens sont indiqués aux articles auxquels ils se rapportent.

Malgré toutes mes tentatives, il est encore des perfectionnemens que l'on doit rechercher, surtout en ce qui concerne les vases, etc. Je crois les avoir indiqués suffisamment pour espérer que nous parviendrons à les obtenir successivement. Nous les devrons à la recommandation et à l'exigence des personnes qui voudront conserver des substances par ce nouveau procédé.

En effet, si l'on n'exige pas des verreries de bonnes bouteilles convenables à l'objet auquel on les destine, on n'obtient que de la camelotte de mauvaise forme et d'embouchure pernicieuse.

Il en est de même pour les boîtes de métal confectionnées trop souvent par des ouvriers routiniers, qui ne conçoivent pas toutes les pertes que font éprouver des vases mal faits.

L'on sentira généralement la nécessité d'apporter un peu de soin pour obtenir les avantages que cette nouvelle méthode promet.

Avant de passer à la description des procédés qui constituent ma méthode, à son application spéciale et particulière à chacune des substances que l'on veut conserver, je dois prévenir que la description des procédés au moyen desquels on prépare les alimens pour l'usage de la table, n'appartenant pas à mon sujet, je me suis restreint à ne citer que ceux de ces procédés qui m'ont paru indispensables pour arriver à la conservation des substances qui ont besoin de quelques préparations ou précautions particulières.

Comme on pourrait craindre que ces mêmes procédés ne fussent pas applicables aux objets les plus compliqués comme aux plus simples, j'ai fait quelques remarques propres à dissiper tous les doutes à cet égard; j'ai ajouté quelques observations qui feront connaître toute l'extension dont est susceptible cette nouvelle manière de conserver les substances alimentaires.

En effet, on peut s'assurer par l'expérience, que, sans aucune différence dans l'application de la chaleur au bain-marie, une garbure, une bisque se conservent aussi bien qu'une soupe à la panade et à l'ognon; qu'une sauce à l'espagnole composée, un velouté se conservent comme une sauce au pauvre homme; que des filets de soles à l'aspic, des filets de faisans aux truffes se conservent comme des côtelettes et du hachis de bouilli; que tous les principes volatils des fleurs se conserveront, comme les plantes inodores, dans toute leur fraîcheur et leur propriété naturelles; enfin, que l'abricot, la pêche, la framboise, etc. ne perdront rien de leur arome.

A peu d'exceptions près, je conserve dans des boîtes de fer-blanc et de fer battu toutes les substances alimentaires. Du petit nombre de celles auxquelles cette méthode ne peut s'appliquer, sont: 1° Les petites fèves de marais, qui se tassent mieux en bouteilles et y paraissent plus blanches et plus jolies; 2° les fruits rouges, dont la boîte altère la couleur en la rendant violette; 3° les abricots, les mirabelles, les ananas, et généralement tous les fruits jaunes et à pepins, qui pourtant se conserveraient en boîtes, si dans les ménages on ne préférait les bouteilles, par la raison qu'il est plus aisé de s'en procurer que de trouver des boîtes et des ferblantiers pour les souder.

L'usage des vases de verre sera toujours, pour les opérations domestiques, le moyen le plus sûr et le plus facile à pratiquer; mais dans les grandes manipulations, qui ont pour objet les approvisionnemens de mer, de siége et d'hôpitaux, on ne doit employer que les boîtes[26].

Ainsi la chaleur du bain-marie est, comme on l'a déja tant de fois répété, le principe unique, le principe universel de la conservation de toutes les substances[27].

Il n'est pas besoin de recommander la célérité et la plus grande propreté dans les préparations des substances alimentaires: elle est de rigueur, surtout pour les objets que l'on destine à être conservés.

Je fais à l'avance toutes les dispositions nécessaires pour que rien ne reste en retard, et que tout le temps soit mis à profit.

CHAPITRE V.

Description des procédés qui constituent ma méthode; son application spéciale et particulière à chacune des substances que l'on veut conserver.

POT-AU-FEU DE MÉNAGE.

J'ai mis un pot-au-feu à l'ordinaire; lorsque la viande a été aux trois quarts cuite, j'en ai retiré la moitié que j'avais désossée pour la conserver. Le pot-au-feu fait, j'en ai passé le bouillon; après qu'il a été refroidi, je l'ai mis dans des bouteilles que j'ai bien bouchées, ficelées, et enveloppées chacune dans un sac. Le bœuf que j'avais retiré aux trois quarts cuit, a été mis en bocaux, baignant dans partie du même bouillon. Après les avoir bien bouchés, lutés, ficelés et mis en sac, je les ai rangés avec les bouteilles contenant le bouillon, debout dans une chaudière; j'ai empli cette chaudière d'eau froide, de manière que les bouteilles et les bocaux baignassent jusqu'à la cordeline (ou bague). J'ai mis le couvercle sur la chaudière, et ayant eu soin de l'entourer de linge mouillé, afin de boucher toutes les issues, et empêcher, le plus possible, l'évaporation du bain-marie, j'ai mis le feu sous la chaudière; lorsque le bain-marie a été en ébullition ou au bouillon, j'ai entretenu le même degré de chaleur pendant trois quarts d'heure, après quoi j'ai retiré le feu bien exactement dans un étouffoir. Une demi-heure après, j'ai lâché l'eau du bain-marie par le robinet qui se trouve au bas de la chaudière; j'ai découvert cette chaudière au bout d'une autre demi-heure; une heure ou deux après l'ouverture de la chaudière (le temps n'y fait rien, cela dépend du plus ou moins de besoin qu'on peut avoir de cette chaudière), j'en ai retiré les bouteilles et les bocaux, dont j'ai goudronné les bouchons le lendemain avec du galipot, pour les expédier dans divers ports de mer. Au bout d'un an et dix-huit mois, le bouillon et le bouilli ont été trouvés aussi bons que faits du jour même.

CONSOMMÉ.

En l'an 12, ayant l'espoir de fournir les rafraîchissemens des malades à bord des vaisseaux de l'État, d'après diverses expériences déja faites dans les ports de mer par les ordres de *S. Exc. le ministre de la marine et des colonies*, sur des productions alimentaires conservées par ma méthode, je fis les dispositions nécessaires pour pouvoir répondre aux demandes sur lesquelles j'avais lieu de compter. En conséquence, pour moins multiplier les vases, et pouvoir renfermer dans une bouteille de pinte huit bouillons, je fis l'expérience suivante. Comme généralement l'évaporation ne peut se faire qu'aux dépens de l'objet qu'on veut rapprocher[28], j'ai disposé un consommé foncé de deux livres de bonne viande et volaille par pinte. Mon consommé étant fait, passé et rafraîchi, je le mis en bouteilles. Après l'avoir bien bouché, ficelé et mis en sacs, je le plaçai dans la chaudière. J'avais retiré au quart cuits les meilleurs morceaux de bœuf et de volaille. Après que ces objets ont été refroidis, je les ai mis dans des bocaux. J'ai recouvert ces viandes du même consommé. Après avoir bien bouché, luté, ficelé et mis en sacs ces bocaux, je les ai rangés debout dans la même chaudière, avec les bouteilles de consommé. Après avoir empli la chaudière d'eau froide jusqu'à la cordeline (ou la bague) des vases, et avoir couvert et garni le couvercle d'un linge mouillé, j'ai mis le feu sous le bain-marie. Lorsqu'il a été au bouillon, j'ai continué le même degré de chaleur pendant deux heures, et j'ai fini cette opération comme la précédente. Le bœuf et la volaille se sont trouvés cuits à propos, et se sont conservés, ainsi que le consommé, plus de deux ans.

Gelée de Volaille, Bœuf et Veau.

J'ai composé et conservé, de la même manière, pour un capitaine de marine dont l'estomac, fatigué depuis long-temps, ne pouvait supporter les alimens d'usage à la mer, une gelée foncée de sept livres de viande par bouteille de pinte, en proportion convenable de chacune, pour son voyage de l'Inde. Chacune de ces bouteilles a produit cinquante bouillons excellens, au moyen d'une cuiller à bouche pleine de cette gelée dans trois onces d'eau bouillante et un peu de sel; cette gelée, d'un sel léger, a été également bonne à manger sur le pain, au sortir de la bouteille.

OBSERVATION.

J'ai vendu cette gelée à raison de 7 francs la bouteille, contenant cinquante bouillons. Ainsi le bouillon n'est revenu qu'à 14 cent.; et si l'opération qui n'a eu lieu que pour quinze bouteilles, eût été faite en grand, et dans des vases de quatre ou six pintes de capacité, le bouillon ne serait revenu qu'à 10 centimes, tout au plus, y compris 25 pour 100 de bénéfice pour le fabricant.

D'après cette expérience, que tout le monde peut répéter, il est facile d'apprécier les avantages d'opérer d'après cette méthode, non seulement en petit, mais en grand, particulièrement sur les points de la France où les viandes et les volailles sont abondantes, et par conséquent à bon compte.

De quelle importance ne deviendra pas cette méthode pour le Nord et les colonies espagnoles, où les bœufs sont d'une telle abondance, qu'on ne les tue que pour en avoir la peau, et où les restes sont enfouis dans la terre.

On a tenté en vain de conserver les viandes en les faisant sécher au soleil; les résultats n'ont produit que de la fibre privée de tout son suc, et semblable à un morceau de bois. J'ai été invité à une dégustation de ces viandes, qui s'est faite dans les bureaux de la marine, il y a vingt ans environ. Ces viandes avaient été envoyées d'Espagne au ministre; il fut préparé un pot-au-feu et un miroton; ni l'un ni l'autre n'étaient supportables, comme on peut bien le penser.

Riz au gras.

Après avoir nettoyé, lavé et fait crever le riz, je l'ai fait cuire à moitié avec du bon bouillon; je l'ai mouillé ensuite avec de la gelée préparée comme la précédente, et lorsqu'il a été bien cuit, réduit en pâte assez liquide et assez refroidi pour pouvoir être mis en bouteilles, je les ai bouchées, etc., et lui ai donné un quart-d'heure d'ébullition au bain-marie.

Six mois après, ce riz a été trouvé tel qu'il était le jour où je l'avais préparé.

Le riz au maigre se conserve également.

Julienne.

J'ai composé une julienne de carottes, poireaux, navets, céleri, oseille, haricots verts, petits pois, etc., que j'ai préparés par les procédés d'usage, qui consistent à couper en petits morceaux, soit en rond, soit en long, les carottes, navets, poireaux, haricots verts et céleri. Après les avoir bien épluchés et lavés, j'ai mis ces légumes dans une casserole sur le feu, avec un bon morceau de beurre frais; je les ai laissé cuire ainsi à moitié, après quoi, j'ai ajouté l'oseille et les petits pois: lorsque tout a été cuit et réduit, j'ai mouillé ces légumes avec du bon consommé que j'avais préparé exprès avec de la bonne viande et de la volaille. J'ai laissé bouillir le tout une demi-heure; ensuite j'ai retiré du feu pour laisser refroidir; j'ai mis en bouteilles, bouché, etc., pour donner à ma julienne une demi-heure de bouillon au bain-marie.

La julienne au maigre se compose de même, excepté qu'au lieu de consommé, je mouille mes légumes, lorsqu'ils sont bien cuits, avec une purée claire, soit de haricots blancs, soit de lentilles ou gros pois verts, que j'ai conservés, et je lui donne également une demi-heure de bouillon au bain-marie.

Coulis de racines.

J'ai composé et préparé un coulis de racines par les procédés ordinaires; il a été foncé de manière qu'une bouteille de pinte pût faire un potage pour douze personnes, en y ajoutant deux pintes d'eau avant de le faire chauffer pour en faire usage.

Lorsqu'il a été refroidi, je l'ai mis en bouteilles, pour lui donner une demi-heure de bouillon au bain-marie.

REMARQUE.

D'après ces expériences, on voit qu'il est aussi sûr que facile de soumettre aux mêmes procédés, indistinctement, tous les potages pour les conserver.

On a dû remarquer que, pour éviter la multiplicité des vases, ainsi que l'embarras, il est aisé de ne préparer que des extraits de chaque espèce; au moyen de moitié ou de deux tiers d'eau qu'on ajoutera à chaque extrait d'une bouteille de pinte, par exemple, on pourra obtenir un potage pour huit à douze personnes. Ainsi, avec deux bouteilles de pinte de bon consommé et quatre pintes d'eau avec une bouteille de pointes d'asperges conservées, on aura un potage aux pointes d'asperges pour au moins vingt-quatre personnes.

Il en sera de même des potages aux petits pois nouveaux, aux laitues émincées, aux menues herbes, à la purée de gibier ou bisque, etc. Les potages au maigre, toutes les purées, soit de légumes, gibier ou poisson, peuvent être également préparés par extraits, et donner les mêmes résultats. Par exemple, une bouteille de pinte qui contiendrait des ognons préparés au beurre, bien cuits et d'un beau brun foncé, serait suffisante pour un potage de trente à trente-cinq personnes.

Ainsi, avec vingt-cinq bouteilles d'extraits préparés de cette manière, on pourrait servir à la minute un potage pour huit à neuf cents hommes, potage qui, à coup sûr, serait plus économique que ceux préparés au fur et à mesure des besoins.

BOUILLON OU GELÉE PECTORALE.

J'ai composé cette gelée d'après l'ordonnance de M. Marie Saint-Ursin, docteur en médecine, propriétaire rédacteur de la *Gazette de Santé*, avec mou et pieds de veau, choux rouges, carottes, navets, ognons et poireaux, en quantité suffisante de chacun. Un quart d'heure avant de retirer cette gelée du feu, j'ai ajouté du sucre candi avec de la gomme de Sénégal. Aussitôt qu'elle a été faite, je l'ai passée au tamis de soie pour de suite la clarifier avec des blancs d'œufs et la passer de nouveau à travers une serviette; après qu'elle a été refroidie, elle a été mise en bouteilles, bouchées, ficelées, enveloppées dans des sacs, et placées au bain-marie pendant un quart d'heure, au bouillon, etc. Cette gelée s'est parfaitement conservée, aussi bonne que si elle eût été faite du jour.

Grandes Sauces.

Les grandes sauces, telles qu'aspic blond de veau, jus, essences de gibier, essences de légumes, glaces de veau et de racines, glaces de cuisson, grandes espagnoles, velouté, roux blanc et blond, velouté et espagnoles travaillées, sauces romaines, farces cuites, et à la béchamel, malgré la crême qui entre dans sa préparation, se conserveront par les mêmes procédés.

On peut juger, d'après cela, combien d'avantages trouvera un cuisinier, dans les voyages de terre et de mer, à avoir avec lui, pour le besoin, des substances aussi précieuses toutes disponibles à la minute; et à la maison même, de ces grandes sauces préparées à l'avance pour de grands repas.

FILET DE BŒUF, DE MOUTON, VOLAILLE ET PERDREAUX.

J'ai disposé tous ces objets comme pour l'usage journalier, mais cuits seulement aux trois quarts, ainsi que des perdreaux rôtis. Lorsque tout a été refroidi, j'ai mis ces objets séparément dans des bocaux de grandeur suffisante; après avoir bien bouché, luté, ficelé et mis en sacs, j'ai placé le tout au bain-marie pour donner une demi-heure de bouillon, etc. Ces objets ont été expédiés pour Brest, où ils ont été mis en mer pendant quatre mois et dix jours, avec des végétaux, du consommé et du lait conservé, le tout bien emballé dans une caisse. A l'ouverture qu'on en a faite, on a dégusté tous ces objets, au nombre de dix-huit. Toutes ces substances ont été trouvées dans toute leur fraîcheur, et pas un seul vase n'a éprouvé la moindre altération en mer. (Voyez *le procès-verbal de Brest aux pièces justificatives.*)

A ces quatre expériences, je puis en ajouter deux autres que j'ai faites, l'une sur une fricassée de poulets, et l'autre sur une matelotte d'anguilles, de carpes et brochets, garnie de ris de veau, de champignons, d'ognons, de beurre, d'anchois, le tout cuit au vin blanc. La fricassée de poulets et la matelotte se sont parfaitement conservées.

Je préparai un hachis de blanc de volaille, de mouton, et viande fraîche de porc, j'y joignis des champignons, des truffes, du lard fondu et beurre frais, et après y avoir mis les assaisonnemens convenables, je le fis cuire aux trois quarts; dès qu'il fut refroidi, je le mis en bouteilles, etc., je lui donnai un quart d'heure de bouillon au bain-marie.

Cette substance était aussi fraîche six mois après, que le jour de sa préparation.

REMARQUE.

Rien n'est si facile, au moyen de ce procédé, que de conserver, pour le besoin, des garnitures, telles que carottes, navets tournés et préparés de toutes les manières, concombres, artichauts, petits ognons, rocamboles, champignons, fines herbes, etc., comme aussi des ris de veau, crêtes et rognons de coq, laitances de carpes, queues d'écrevisses, etc.

J'ai conservé des morceaux de bœuf de deux et trois livres, des poissons, des volailles et des perdreaux entiers; mais je crois avoir déjà fait observer que cette manière n'est pas la plus économique, tant par rapport aux vases à grandes ouvertures, qu'aux bouchons convenables; que d'ailleurs il serait inutile de conserver des os qui emportent beaucoup de place. En se servant de boîtes, la plupart de ces inconvéniens disparaîtront.

Il sera donc bien plus économique, plus facile et plus avantageux de ne conserver ces substances qu'après les avoir désossées, d'autant plus qu'un bon cuisinier a mille moyens de mettre à profit tous les débris, soit en en tirant des sauces, des jus, des coulis, des purées, etc., qu'il pourra conserver, comme nous l'avons déjà dit.

Ainsi il conviendra mieux, sous tous les rapports, d'avoir à bord d'un vaisseau, au lieu d'une pièce de bœuf de vingt-cinq livres, cette même pièce coupée par morceaux, ou un bon hachis de cette substance désossée, qui, par ce moyen, aura été conservée à peu de frais dans des vases de petites embouchures[29].

Mais ce qui est fort agréable, sans compter les autres avantages, c'est de pouvoir conserver à peu de frais les substances suivantes;

SAVOIR:

Du Bœuf.

Les palais, langues, cervelles, filets, bifteck, entre-côtes, etc.

Du Veau.

Les fraises, riz, rognons, foies, fricandeaux, noix sautées, blanquettes, etc.

Du Mouton.

Les langues braisées, émincés de gigot, carbonnades, hachis, côtelettes, rognons, queues, etc.

De l'Agneau.

Côtelettes sautées, blanquettes, préparation de croquettes, etc.

Du Cochon.

Boudins noir et blanc, saucisses, andouilles, pieds aux truffes, filets mignons, rognons, etc.

Du Sanglier.

Filets piqués, débris de hure, etc.

Du Chevreuil.

Filets sautés, côtelettes sautées ou braisées, etc.

Du Lièvre et Levreau.

Filets sautés, civets, etc.

Du Lapereau.

Préparation de croquettes et filets sautés aux champignons, hachis, etc.

Du Faisan.

Les filets sautés aux truffes, etc.

Du Perdreau.

Côtelettes, filets sautés, salmis, hachis, purées, etc.

De la Caille.

Filets sautés, préparation, etc.

De la Bécasse.

Filets sautés, salmis, purées, etc.

De la Sarcelle.

Filets sautés, etc.

Des Grives, Ortolans et Rouge-gorges.

Après un tour de broche, ou sautés aux fines herbes.

De la Mauviette.

En croustade aux fines herbes, ou côtelettes, à la broche, etc.

Du Canard.

Aiguillettes sautées, etc.

Du Dindon.

Les blancs émincés, blanquettes, hachis, préparations de quenelle, croquette, etc.

De la Poularde.

Les filets au suprême, filets piqués, purées, etc.

De l'Oie.

Les aiguillettes, etc.

Du Pigeon.

Les côtelettes sautées, à la broche, etc.

De l'Esturgeon, du Thon, du Turbot, du Cabillaud, et de l'Anguille de mer.

Leurs parties désossées, préparées comme on le juge à propos.

Du Saumon.

Les tranches à moitié cuites sur le gril et au bleu aux trois quarts cuites, pour en préparer de telle manière qu'on voudra, etc.

De la Truite.

Au bleu, ses filets sautés.

De la Sole.

Filets sautés, filets en aspics, filets préparés pour salade.

De l'Éperlan.

A la bonne eau, etc.

Du Maquereau.

A la maître-d'hôtel, filets sautés, etc.

Du Merlan.

Quenelle de filets, filets sautés, etc.

Du Brochet.

Au bleu, à l'allemande, filets sautés.

De la Matelotte à la Marinière.

De brochet, anguille, carpe et barbeau.

De l'Anguille.

A la tartare et à la poulette.

De la Carpe.

Quenelle et à l'allemande, etc.

Des Huîtres.

Préparées pour les coquilles et à la poulette, etc.

De l'Écrevisse.

Préparée à l'ordinaire, etc.

Tous les objets ci-dessus désignés et autres n'auront besoin que d'être disposés à demi ou aux trois quarts cuits pour recevoir l'application du bain-marie.

Au moyen des sauces de toute espèce dont nous avons parlé, ainsi que des garnitures conservées, jointes au lait, à la crême, aux entremets de légumes et de fruits conservés pour les charlottes, ainsi que tous les fruits pour le dessert et pour les glaces, on sera assuré de faire bonne chère partout et en tout temps avec des substances de toute espèce, aussi et plus fraîches que celles dont on fait usage dans beaucoup de circonstances.

Par là on préviendra les inconvéniens que produisent sur toutes les substances alimentaires, les chaleurs, les saisons pluvieuses, les temps humides et chauds.

Par ces précautions on pourra à l'avance préparer tous les mets qu'exige un grand repas, dont les restes, qui très-souvent sont considérables et seraient perdus, pourront être conservés par le même procédé jusqu'au moment de leur consommation.

Ces résultats prouvent suffisamment que le même principe, appliqué par les mêmes procédés préparatoires, avec les mêmes soins et les mêmes précautions, conserve généralement toutes les productions animales, en observant seulement de ne donner à chacune d'elles, dans la préparation, que trois quarts de cuisson au plus, pour lui donner le surplus au bain-marie.

Il est beaucoup d'objets qui peuvent, sans danger, supporter une heure de bouillon de plus au bain-marie, tels que le bouillon, le consommé, les gelées et les essences de viandes, de volaille et de jambon, les sucs de plantes, le moût et sirop de raisin, etc.... Mais il en est beaucoup d'autres auxquels un quart d'heure, même une minute de plus, feraient beaucoup de tort. Ainsi les résultats seront toujours subordonnés à l'intelligence, à la célérité, et aux connaissances du manipulateur[30].

ŒUFS FRAIS.

Plus l'œuf est frais, plus il résiste à la chaleur du bain-marie; en conséquence j'ai pris des œufs du jour, que j'ai rangés dans un bocal avec de la chapelure de pain pour remplir les vides, et les garantir de la casse dans les voyages. J'ai bien bouché, luté, ficelé, etc. Je les ai placés dans un chaudron de grandeur suffisante[31], pour leur donner soixante-quinze degrés de chaleur. Ensuite j'ai retiré le bain-marie du feu; lorsqu'il a été refroidi à pouvoir y tenir la main, j'en ai retiré les œufs, que j'ai gardés six mois. Au bout de cet intervalle, j'ai retiré les œufs du bocal; je les ai mis sur le feu dans de l'eau fraîche, à laquelle j'ai donné soixante-quinze degrés de chaleur. Ils se sont trouvés cuits à propos pour la mouillette, et aussi frais que lorsque je les ai préparés. Quant aux œufs durs préparés à la tripe ou à la sauce blanche, etc., je leur donne quatre-vingts degrés de chaleur au bain-marie, c'est-à-dire qu'aussitôt le premier bouillon, je retire le bain-marie du feu.

LAIT.

J'ai pris vingt-quatre pintes de lait sortant de la vache, je l'ai rapproché au bain-marie, et réduit aux deux tiers de son volume en l'écumant très-souvent. Ensuite je l'ai passé à l'étamine. Lorsqu'il a été froid, j'en ai ôté la peau qui s'y était formée en refroidissant; et je l'ai mis en bouteilles avec les procédés ordinaires, et de suite au bain-marie pendant deux heures de bouillon, etc. Au bout de quelques mois, je me suis aperçu que la crème s'était séparée en flocons, et surnageait dans la bouteille.

Pour éviter cet inconvénient, je fis une seconde expérience sur une même quantité de lait, que j'ai fait rapprocher au bain-marie, de moitié au lieu d'un tiers, comme le premier. J'imaginai d'y ajouter, lorsqu'il fut réduit, huit jaunes d'œuf bien frais, délayés avec ce même lait. Après avoir laissé le tout ainsi bien mêlé, une demi-heure sur le feu, j'ai fini comme à la première expérience. Ce moyen m'a parfaitement réussi. Le jaune d'œuf avait tellement lié toutes les parties, qu'au bout d'un an et même dix-huit mois, le lait s'était conservé tel que je l'avais mis en bouteilles. Le premier s'est également conservé deux ans et plus. La crème qui se trouve en flocons disparaît en mettant le lait sur le feu: tous deux supportent de même l'ébullition. De l'un et de l'autre on a obtenu du beurre et du petit lait. Dans les différentes expériences et analyses chimiques auxquelles ils ont été soumis, on a reconnu que le dernier, bien supérieur au lait ordinaire, pouvait remplacer la meilleure crème qu'on vend à Paris pour le café.

Ces procédés ne laissent donc rien à désirer. J'en fais habituellement usage pour conserver le lait destiné aux voyages maritimes. On pourrait aussi s'en servir pour conserver le lait pendant quelques jours, ce qui serait d'un grand avantage pour les fermiers et nourrisseurs dont les établissemens sont éloignés des grandes villes. Cette idée m'a été suggérée, depuis la publication de ma troisième édition, par un propriétaire des environs de Gournay, qui vint me consulter, et me demanda de lui indiquer un moyen de conserver son lait pendant deux jours, temps nécessaire pour le transporter à Rouen, c'est-à-dire à une distance de vingt lieues.

Voici le procédé que je lui indiquai, et qu'il pratique avec le plus grand succès:

Je fis faire plusieurs boîtes de fer-blanc de la forme et de l'embouchure des bouteilles ordinaires, je les remplis de lait chaud sortant de la vache, et les soumis, après les avoir bien bouchées et ficelées, au bain-marie jusqu'à l'ébullition. Au bout d'une heure je les retirai, et dès le lendemain je les expédiai à une distance de trente lieues, où elles arrivèrent quarante-huit heures après. Le lait contenu dans ces bouteilles fut trouvé très-bon et parfaitement conservé. Depuis cet essai, ce propriétaire envoie tous les jours vendre son lait à Rouen; il m'en a même adressé à Paris, qu'on eût pu croire trait de la veille.

L'application en grand de ce procédé offrirait de très-grands avantages; elle permettrait de confectionner, dans toutes les grandes villes et à Paris même, le beurre frais qui s'y consomme et qui y arrive rarement bon, ce qui occasionnerait une grande diminution dans le prix de cette denrée de première nécessité. Les fermiers y trouveraient également leur profit, en utilisant par ce moyen toutes leurs crèmes perdues, en grande partie, par l'impossibilité où ils sont de les conserver assez long-temps pour en amasser la quantité nécessaire pour faire du beurre, tandis qu'en conservant ces crèmes par le moyen que j'indique, et en les expédiant à de grandes distances, ils en auraient toujours un débit assuré.

REMARQUE.

Le feu nu, le bain de sable et le bain-marie, trois moyens dont je me suis servi successivement pour rapprocher le lait avant de le conserver, avaient plus ou moins l'inconvénient d'atténuer le blanc du lait, et de lui donner un goût de frangipane.

Le bain de vapeur me parut plus convenable pour modifier cet inconvénient; en effet j'obtins, par ce dernier moyen, le lait beaucoup plus blanc, et sans le goût qui me contrariait, quoique le lait fût rapproché de plus de moitié. L'évaporation se fait beaucoup plus rapidement de cette dernière manière que de toute autre, par la raison qu'on peut pousser et augmenter le feu sans crainte, et que plus on agite l'objet en évaporation, et plus l'opération est rapide. On est aussi dispensé d'écumer le lait.

Je puis donc indiquer ce dernier moyen comme le meilleur, non seulement pour le lait et la crème, mais encore pour les pâtes de guimauve, de jujubes, et beaucoup d'autres substances que l'on fait ordinairement évaporer lentement à feu nud.

Afin de faciliter l'évaporation du lait avec précision, j'ai fait établir un appareil armé d'un régulateur au moyen duquel on dirige la vapeur nécessaire au rapprochement du lait. En voici la description:

Description de l'appareil pour rapprocher le lait.

La troisième chaudière du petit laboratoire, Pl. 4, *fig.* 2, destinée à rapprocher le lait que l'on veut conserver par la vapeur, a vingt pouces de diamètre sur quatorze pouces de profondeur, et un couvercle *a* ayant au milieu une ouverture de seize pouces de diamètre, dans laquelle on place une poêle *b* de pareille dimension, et de quatre à six pouces de hauteur, garnie d'un panache *c* qui lui sert en même temps de support.

Sur le côté du couvercle se trouve une ouverture *d* d'un pouce de diamètre, dans laquelle on introduit le régulateur *f* de la chaleur. Cet instrument à deux branches, formant demi-cercle et garni d'un robinet à deux eaux, a un bout dans la chaudière et l'autre dans un petit vase *h* placé à côté de l'appareil. Avant de commencer cette opération, je prépare le lut qui doit servir pour le couvercle, et je détrempe, pour cet objet, de la terre à four avec du crotin de cheval sec[32]. Après avoir rempli l'appareil aux deux tiers d'eau, on introduit la poêle *b* dans l'ouverture du milieu du couvercle, et l'on place la branche du régulateur *f* garnie du robinet; on lute le tout convenablement à un pouce au-dessus du panache *c* de la poêle *b*, on garnit le petit vase *h* d'eau, de manière que l'autre bout du régulateur, appuyé contre le vase *y* baigne de six lignes seulement. Le tout étant ainsi disposé, on allume le feu qu'il faut modérer, jusqu'à ce que le lut soit sec et bien durci. Ensuite on nettoie avec soin la poêle, et l'on y met le lait que l'on a préalablement passé à l'étamine.

Après avoir mis la quantité de lait suffisante dans la poêle, je pousse le feu, et avec une spatule bien propre j'ai l'attention de vanner sans interruption le liquide, afin d'activer le rapprochement. Au moyen de la vapeur qui se dégage dans le petit vase *h* par le régulateur, on s'aperçoit que l'eau de l'appareil est en ébullition. Dès que le dégagement s'annonce par le bruit que fait le frottement du régulateur *f* contre le petit vase *h*, je ralentis le feu et je ferme le fourneau de manière à maintenir modérément l'ébullition. Cette attention est très-essentielle, autrement la vapeur s'échapperait en détruisant le lut de l'appareil. J'ai grand soin d'agiter continuellement avec la spatule, pour faciliter le passage du calorique au travers du lait. Si je m'arrête, le régulateur *f* fait aussitôt grand bruit dans le petit vase *h*, l'eau qu'il contient s'échauffe graduellement, et augmente par la vapeur qui vient s'y condenser. J'ai soin de la rafraîchir, et d'en diminuer la quantité de temps à autre. Lorsque cette opération est bien conduite, en deux heures de temps je réduis 24 pintes de lait à 12[33]. Il n'est cependant pas de rigueur que le lait soit réduit à moitié; un peu plus ou un peu moins est indifférent, cela est entièrement à la volonté de l'opérateur. Un quart d'heure environ avant que la réduction du lait soit effectuée, je délaie peu à peu douze jaunes d'œufs très-frais, détachés des blancs, avec une pinte du lait soumis à l'opération, pour les réunir graduellement à la masse que je continue d'agiter jusqu'à parfaite réduction. Afin de m'en assurer, j'ai une petite sonde en bois, bien propre, avec laquelle je prends la hauteur du lait. Au moment où je la mets dans la poêle, j'y fais une petite coche, je la divise ensuite en deux parties égales par une autre petite coche. Dès que le lait placé dans la chaudière est réduit à la hauteur de cette coche intermédiaire, je suis assuré que la réduction est complète. Alors je retire le lait, que je passe à l'étamine pour en ôter les germes d'œufs qui pourraient s'y trouver, et je le place dans des terrines pour refroidir. Pendant qu'il refroidit, j'ai soin de l'agiter, pour éviter qu'il se forme des peaux à sa surface; dès qu'il est refroidi, je le mets en bouteille, et après l'avoir bien bouché et ficelé, je lui donne un quart d'heure d'ébullition; je fais ensuite bien nettoyer la poêle pour une autre opération. Il arrive quelquefois que la vapeur endommage le lut de l'appareil, je le répare à l'instant même. A la troisième opération, j'introduis une sonde dans la chaudière par l'ouverture *c* du régulateur, afin de m'assurer de la hauteur de l'eau; et si la quantité n'est pas suffisante, j'en remets au moyen d'un entonnoir.

CRÈME.

J'ai pris cinq pintes de crème levée avec soin sur du lait trait de la veille; je l'ai rapprochée au bain-marie à quatre pintes sans l'écumer; j'en ai ôté la peau qui s'était formée dessus, pour la passer de suite à l'étamine et la faire refroidir. Après en avoir encore ôté la peau qui s'y était formée en refroidissant, je l'ai mise en demi-bouteilles avec les procédés ordinaires, pour lui donner un quart d'heure de bouillon au bain-marie. Au bout de deux ans, cette crème s'est trouvée aussi fraîche que si elle eût été préparée du jour. J'en ai fait du bon beurre frais la quantité de quatre à cinq onces par demi-pinte.

Le rapprochement de la crème s'opère par les mêmes procédés et avec le même appareil que celui du lait.

PETIT-LAIT.

J'ai préparé du petit-lait par les procédés d'usage. Lorsqu'il a été clarifié et refroidi, je l'ai mis en bouteilles, etc., pour lui donner un quart d'heure de bouillon au bain-marie. Quelque bien clarifié que soit le petit-lait, lorsqu'on le met au bain-marie, l'application de la chaleur en détache toujours quelques parties caseuses qui forment un dépôt; j'en ai gardé deux et trois ans de cette manière, et avant d'en faire usage, je l'ai filtré pour l'avoir très-limpide. Dans un cas pressé, il suffit de le décanter avec précaution pour l'obtenir de même.

BEURRE FRAIS.

J'ai pris six livres de beurre, frais battu; après l'avoir bien lavé et ressuyé sur un linge blanc, je l'ai mis en bouteilles par petits morceaux, et tassé pour remplir tous les vides, de manière que la bouteille fût pleine jusqu'à quatre pouces de la bague; après avoir bien bouché les bouteilles, etc., je les ai soumises au bain-marie jusqu'à l'ébullition seulement, et les ai retirées aussitôt que le bain-marie a été assez refroidi pour pouvoir y tenir la main. Au bout de six mois ce beurre était aussi frais que le jour où je l'avais préparé.

OBSERVATION.

La fusion du beurre qui s'opère par l'application de la chaleur au bain-marie, précipite au fond de la bouteille les parties caseuses ou lait de beurre qu'il pouvait encore contenir lors de sa préparation, de manière qu'on obtient un beurre vierge parfaitement clarifié, excellent à manger sur le pain, ainsi que dans toutes les préparations journalières, d'un goût plus fin que le beurre frais ordinaire et plus salubre que ce dernier, dont on ne devrait faire usage qu'après l'avoir clarifié, comme cela se pratique dans la bonne cuisine.

J'ai retiré le beurre des bouteilles par petites parties, au moyen d'une petite spatule de bois un peu plate et crochue par le bout[34]; je l'ai mis dans l'eau fraîche, puis en motte, après l'avoir bien lavé et pelotté dans plusieurs eaux, jusqu'à ce que la dernière soit bien claire.

J'ai retrouvé le même poids que j'avais mis, savoir: cinq livres treize onces de beurre, et trois onces de lait de beurre, ce résidu avait un goût rance un peu amer; comme il restait quelque peu de beurre aux parois des bouteilles, je les ai mises dans de l'eau chaude pour l'obtenir.

Le déchet de demi-once par livre sera toujours subordonné au plus ou moins d'attention qu'on apportera au lavage du beurre en sortant de la baratte, et il est fort peu de chose en raison de l'avantage de pouvoir se procurer en tout temps du beurre aussi frais qu'au mois de mai et à aussi bon marché. Ce moyen deviendra des plus précieux pour les pays de pâturage, surtout pour ceux qui ne peuvent tirer parti de leur beurre qu'en le faisant fondre, beurre qu'ils sont encore obligés de donner à très-bon marché, faute de pouvoir le garder long-temps dans cet état.

D'après cette expérience sur le beurre, personne ne doutera de la possibilité de conserver, par les mêmes procédés, toutes les substances grasses et huileuses; toutes substances qu'on n'a pu jusqu'à ce jour garantir de la rancissure au bout d'un certain temps. En effet, j'ai opéré (car j'aime à m'assurer d'un fait avant de l'annoncer) sur du saindoux ou panne de porc, sans autre précaution préalable que celle de le fondre et de le bien cuire, sur des graisses d'oie et de chapon, ainsi que sur des graisses de cuisine, après les avoir bien clarifiées; toutes ces substances se sont parfaitement conservées: il en sera de même pour toutes les autres sans exception.

Autre manière de conserver le beurre.

J'ai beaucoup simplifié les procédés préparatoires pour conserver le beurre frais. Afin de précipiter plus facilement les parties caseuses qui se forment dans le beurre, je me suis servi d'un dépuratoire formant le cône renversé, armé d'un robinet dans sa partie inférieure; au moyen du bain de vapeur, je mets en fusion plus ou moins de beurre, et lorsque les parties hétérogènes sont bien précipitées, j'ouvre le robinet. Je décante le lait, et lorsqu'il est entièrement sorti, je mets le beurre en bouteille ou en boîte. De cette manière et en ne donnant que soixante degrés de chaleur de Réaumur, au bain-marie, j'ai obtenu le beurre parfaitement clarifié et sans dépôt.

Pour le sortir des bouteilles ou des boîtes, je mets tout simplement la bouteille au bain-marie, après l'avoir débouchée. Lorsque le beurre est en fusion, je le dépose dans un vase pour m'en servir au besoin.

DES VÉGÉTAUX.

Comme la différence des climats rend leurs productions plus ou moins précoces, et met beaucoup de variétés dans leurs qualités, leurs espèces et leurs dénominations, on se gouvernera en conséquence du sol qu'on habite.

A Paris et dans les environs, c'est en juin et juillet la meilleure saison pour conserver les petits pois verts, les petites fèves de marais et les asperges. Plus tard, ces légumes perdent beaucoup par les chaleurs et la sécheresse. C'est en août et septembre que je conserve les artichauts, les haricots verts et blancs, ainsi que les choux-fleurs. En général tous les végétaux que l'on destine à la conservation, doivent être cueillis le plus récemment possible, et disposés avec la plus grande célérité, de manière que du jardin au bain-marie ils ne fassent qu'un saut.

PETITS POIS VERTS.

Le *clamart* et le *crochu*, sont les deux espèces de pois que je préfère, surtout le dernier, qui est le plus moelleux et le plus sucré, ainsi que le plus hâtif, après le *michaux* cependant, qui est le plus précoce de tous; mais ce dernier n'est pas propre à être conservé. Je fais cueillir les pois pas trop fins, parce qu'ils fondent en eau à l'opération; je les prends un peu moyens, ils ont infiniment plus de goût et de saveur, se trouvant alors plus faits. Je les fais écosser aussitôt qu'ils sont cueillis. J'en fais séparer les gros, et ils sont mis de suite en bouteilles, avec l'attention de faire tasser les bouteilles sur le tabouret déja cité, pour en faire entrer le plus possible. Je les bouche de suite, etc., pour les mettre au bain-marie pendant une heure et demie, au bouillon, lorsque la saison est fraîche et humide, et deux heures, lorsqu'il y a chaleur et sécheresse, et je finis l'opération comme les précédentes.

J'ai mis également en bouteilles les gros pois qui ont été séparés des fins; je les bouche, etc., pour leur donner, suivant la saison, deux heures ou deux heures et demie de bouillon au bain-marie.

Autre manière de conserver les petits pois.

Toujours à la recherche d'un moyen de conserver ce légume préférablement à celui publié dans mes précédentes éditions, je fis diverses expériences. Dans le courant du mois de juin, je mis en bouteilles des petits pois que je tassai légèrement: il me vint dans l'idée de remplir jusqu'à trois pouces de la cordeline, avec du moût de raisin conservé de l'année précédente, les interstices que forment les petits pois dans la bouteille; j'en préparai de cette manière vingt-cinq bouteilles. Vers le 25 septembre suivant, je fus invité à dîner à l'hôtel des Américains avec les officiers de bouche du prince régent d'Angleterre, qui se fournissaient de mes conserves. Je profitai de cette occasion pour provoquer la dégustation des petits pois préparés par mon nouveau moyen; j'en fis en conséquence préparer un plat: ils furent goûtés comparativement avec des petits pois achetés le matin, on les trouva tels qu'on ne pouvait faire de différence de l'un à l'autre. M. Labour, qui tenait alors mon dépôt, fut enchanté, ainsi que moi, de cette réussite; le lendemain, toujours dans l'enthousiasme des petits pois de la veille, il m'engagea à profiter de la bonne année qui se présentait pour conserver une grande provision de moût de raisin, afin de préparer, l'année suivante, des petits pois par ce nouveau procédé; et de suite, il mit mille écus à ma disposition pour cette opération; les vendanges allaient commencer, je me rendis dans le meilleur vignoble des environs de Paris, où j'achetai quinze milliers de raisin noir le mieux choisi, qui me fut livré successivement à ma fabrique et en parfaite maturité. Cette quantité me donna trois mille bouteilles de moût de raisin excellent et bien blanc, quoique fait avec du raisin noir. Tous frais déduits, bouteilles et bouchons compris, il m'est revenu à un franc la bouteille. Je le fis ranger sur des lattes à la cave pour l'année suivante; la saison des petits pois étant arrivée, j'en préparai, d'après ce nouveau procédé, environ quatre à cinq cents bouteilles. Je m'en suis heureusement tenu à ce nombre, car la majeure partie fut perdue par la casse et le mauvais goût que les petits pois contractèrent successivement, sans que j'aie pu en deviner la cause. Il me fallut abandonner cette méthode, et garder le moût de raisin qui s'est conservé bien long-temps: enfin, je suis parvenu à l'écouler. On verra à l'article des fruits l'usage que j'en ai fait.

Nouvelle manière de conserver les petits pois.

A l'époque où je commençai à faire usage de boîtes de fer-blanc, je fis l'essai suivant. Après avoir disposé douze litres de petits pois bien récents, les avoir lavés et maniés avec une livre et demie de beurre bien frais, je les fis égoutter et les mis sur le feu; je couvris le vase d'un couvercle concave, et je fis cuire les petits pois sans les mouiller, en les sautant de temps à autre, et en ayant soin d'entretenir d'eau fraîche la partie creuse du couvercle. Je renouvelai l'eau lorsqu'elle était très-chaude; je laissai cuire les petits pois comme pour les servir, et je les finis avec un morceau de beurre manié avec un peu de farine. Je les mis alors refroidir dans une terrine, et ensuite en petites boîtes contenant une livre et demie; je fis bien fermer les boîtes, et leur donnai, au bain-marie, une petite heure d'ébullition.

Petits pois préparés à l'anglaise.

Cette manière est toute simple. Je fais cuire les petits pois dans de l'eau: lorsqu'ils sont cuits, je les assaisonne de sel en ajoutant deux ou trois onces de beurre frais par litre de petits pois; je les saute, et lorsqu'ils sont froids, je les mets en boîtes, etc., pour les mettre au bain-marie et recevoir une petite heure d'ébullition. On peut aussi employer les bouteilles pour conserver les petits pois par cette méthode.

Par ces deux manières, les petits pois ont été conservés parfaitement: on pourra conserver aussi en boîtes, et par ce procédé, les gros pois, soit au lard ou toutes autres viandes avec sécurité. Pour en faire usage, il suffit de les faire chauffer au bain-marie au moment de les servir. On peut à volonté ajouter un peu de sucre, etc.

Me voilà enfin fixé sur cette dernière méthode qui est bien supérieure à toutes les précédentes.

ASPERGES.

Je fais nettoyer les asperges comme pour l'usage journalier, soit entières ou aux petits pois. Avant de les mettre en bouteilles ou en bocaux, je les plonge dans l'eau bouillante, et de suite dans l'eau fraîche, pour ôter l'âcreté particulière à ce légume; les asperges entières sont rangées avec soin dans des bocaux, la tête en bas; celles disposées en petits pois, sont mises en bouteilles. Après que les unes et les autres sont bien égouttées, je bouche, etc., et je les mets au bain-marie pour y recevoir un bouillon seulement, etc.

Nouvelle manière de conserver les asperges entières.

Après avoir fait nettoyer et laver les asperges, je les plonge dans l'eau bouillante, pour ôter leur âcreté. Je les place ensuite dans des boîtes ovales préparées à l'avance, et les couvre d'une gelée de veau et de volaille à consistance de dix degrés à l'aréomètre, et leur donne alors soixante degrés de chaleur au bain-marie: dans ma première manière, l'asperge est très-difficile à placer dans les bocaux; elle se ride et est d'une apparence peu apétissante. Dans la seconde manière, les asperges étant baignées dans une gelée se soutiennent pleines et fermes.

Je prépare depuis long-temps les asperges aux petits pois, comme cela se pratique dans la saison. Je les mets ensuite en bouteilles ou en boîtes, en leur donnant un bouillon au bain-marie.

PETITES FÈVES DE MARAIS.

La féverole n'est point bonne à conserver. Je me sers de la julienne et vraie fève de marais, de celle qui est grosse et large comme le pouce, lorsqu'elle est en maturité. Je la fais cueillir très-petite, grosse comme le bout du petit doigt, pour la conserver avec sa robe. Comme la robe est sensible au contact de l'air, qui la brunit, je prends la précaution, tout en les écossant, de les faire mettre dans les bouteilles. Lorsque ces dernières sont pleines et tassées légèrement sur le tabouret, pour en faire tenir le plus possible, et remplir tous les vides, j'ajoute à chaque bouteille un petit bouquet de sariette; je les bouche bien vite, etc., pour les mettre au bain-marie pendant une heure de bouillon, etc. Lorsque ce légume est cueilli, préparé et confectionné avec célérité, je l'obtiens d'un blanc verdâtre; au contraire, lorsqu'il languit dans la préparation, il brunit et durcit.

Depuis long-temps j'étais fort contrarié de ne pouvoir conserver, d'une manière sûre et générale, une belle couleur blanche-verdâtre aux petites fèves de marais robées; malgré les soins et toutes les précautions que je pouvais prendre, j'en avais de plus ou moins rembrunies, qu'il ne m'était plus possible de vendre, parce qu'on en avait eu de plus belles.

Depuis la publication de ma première édition, j'ai fait de nouvelles tentatives au moyen desquelles j'ai obtenu ces petites fèves telles que je les désirais; pour y parvenir, j'ai mis les bouteilles remplies dans l'eau fraîche sortant du puits, je les y ai laissées une heure au plus, je les ai bouchées et ficelées pour les mettre de suite au bain-marie.

Ayant été une fois obligé d'attendre plus de deux heures pour pouvoir mettre les bouteilles au bain-marie, après qu'elles furent bouchées et ficelées, je les remis en attendant à l'eau fraîche, et les ayant ensuite soumises au bain-marie, j'ai obtenu des fèves aussi belles que les précédentes.

Je me persuade que ce moyen pourra servir à conserver la couleur de beaucoup d'autres substances; par exemple, celles de certaines fleurs, à la couleur desquelles la médecine attache beaucoup de vertus.

FÈVES DE MARAIS DÉROBÉES.

Pour conserver des fèves de marais dérobées, je les prends plus grosses, à peu près d'un demi-pouce de long au plus; je les fais dérober et mettre en bouteilles avec un petit bouquet de sariette, etc., et je les mets au bain-marie pour leur donner une heure et demie de bouillon, etc.

HARICOTS VERTS.

Le haricot connu sous le nom de bayolet, qui ressemble au suisse, est l'espèce qui convient le mieux pour conserver en vert; il réunit au meilleur goût l'uniformité; je le fais cueillir comme pour l'usage journalier. Aussitôt je le fais éplucher et mettre en bouteilles ou boîtes, que j'ai soin de faire tasser sur le tabouret, pour remplir les vides. Je bouche, etc., et mets au bain-marie, pour leur donner une heure et demie de bouillon. Lorsque le haricot se trouve un peu gros, je le fais couper de longueur en deux ou trois; de cette manière, il n'a besoin que d'une heure au bain-marie[35].

HARICOTS BLANCS.

Le haricot de Soissons mérite à juste titre la préférence; à son défaut, je prends le meilleur possible, je le fais cueillir lorsque sa cosse commence à jaunir, écosser de suite et mettre en bouteilles, etc. Je le mets au bain-marie pour lui donner deux heures de bouillon, etc.

Je conserve depuis plusieurs années le haricot flageolet de la même manière; beaucoup de personnes le préfèrent, en ce qu'il annonce plus la primeur, par sa couleur, que le Soissons.

ARTICHAUTS ENTIERS.

Je les prends de moyenne grosseur; après en avoir ôté toutes les feuilles inutiles et les avoir parés, je les plonge dans l'eau bouillante, et de suite dans l'eau fraîche; après les avoir égouttés, ils sont mis en bocaux, ou en boîtes (ce qui est plus facile à boucher), etc., et au bain-marie pour recevoir une heure et demie de bouillon, etc.

ARTICHAUTS EN QUARTIERS.

J'ai coupé de beaux artichauts en huit morceaux; j'en ai ôté le foin et ne leur ai laissé que très-peu de feuilles. Je les ai plongés dans l'eau bouillante, ensuite dans l'eau fraîche; étant bien égouttés, ils ont été passés sur le feu, dans une casserole, avec un morceau de beurre frais, assaisonnement et fines herbes; lorsqu'ils ont été à moitié cuits, je les ai ôtés du feu et mis refroidir; ensuite ils ont été mis en bocaux, bouchés, ficelés, lutés, etc., ou en boîtes, et placés au bain-marie pendant une demi-heure de bouillon, etc.

ARTICHAUTS A LA BARIGOULE.

On les prépare à l'ordinaire, cuits à moitié seulement: on les met ensuite en boîtes, et on leur fait subir une demi-heure d'ébullition au bain-marie.

CHOUX-FLEURS.

Lorsque les choux-fleurs sont bien épluchés, je les plonge, comme l'artichaut, à l'eau bouillante et à l'eau fraîche; lorsqu'ils sont bien égouttés, ils sont mis en bocaux, ou en boîtes, je bouche, etc.; je les place au bain-marie pour leur donner une demi-heure de bouillon, etc.

Comme les années varient et sont tantôt sèches, tantôt pluvieuses, on sentira aisément qu'il faut également étudier et varier les degrés de chaleur qui conviennent dans ces deux cas; c'est une attention particulière qu'il ne faut pas oublier. Par exemple, dans une année fraîche et humide, les légumes sont plus tendres, et par conséquent plus sensibles à l'action du feu; dans ce cas, il faut donner sept à huit minutes de moins d'ébullition au bain-marie, et en donner autant de plus dans les années de sécheresse, où les légumes sont plus fermes et soutiennent mieux l'action du feu.

Autre manière. Après que les choux-fleurs ont été bien épluchés et blanchis, on les fait cuire à moitié avec un peu de sel et un bon morceau de beurre frais. On laisse refroidir, on les met en boîtes et on les recouvre de leur bouillon de cuisson. Un bouillon au bain-marie leur suffit; de cette manière ils sont bien meilleurs.

OSEILLE.

Je fais cueillir oseille, belle-dame, laitue, poirée, cerfeuil, ciboule, etc., en proportion convenable. Lorsque le tout est bien épluché, lavé, égoutté, haché, je fais cuire le tout ensemble dans un vase de cuivre bien étamé. Ces légumes doivent être bien cuits comme pour l'usage journalier, et non pas desséchés, et souvent brûlés, comme cela se pratique dans les ménages lorsqu'on veut les conserver. Ce degré de cuisson est le plus convenable. Lorsque mes herbes sont ainsi préparées, je les mets refroidir dans des vases de faïence ou de grès; ensuite je les mets en boîtes ou en bouteilles d'embouchure un peu grande, je bouche, etc., et je mets au bain-marie, pour donner à mon oseille un quart d'heure de bouillon seulement. Ce temps suffit pour la conserver dix ans intacte et aussi fraîche que si elle sortait du jardin. Cette manière est sans contredit la meilleure et la plus économique pour les ménages, les hospices civils et militaires. Elle est surtout la plus avantageuse pour la marine; car on pourra rapporter, des grandes Indes, l'oseille ainsi préparée, aussi fraîche et aussi savoureuse que cuite du jour.

C'est bien à tort que dans les ménages et dans les administrations, l'on attend jusqu'au mois d'octobre et plus tard encore, si le temps le permet, pour conserver l'oseille. Alors ce légume a perdu de ses précieuses qualités, et il ne lui reste plus qu'un acide âcre et peu supportable, surtout après avoir subi une cuisson trop prolongée, qui ne l'empêche pas de contracter, au bout de quelques mois, un goût de moisi. Que de pertes n'éprouve-t-on pas par cette mauvaise méthode? C'est en juin que l'on doit préparer et conserver l'oseille. A cette époque elle est meilleure, et l'on se procure facilement toutes les herbes que l'on doit ajouter pour la bonifier, et modifier son acide, avantage difficile à obtenir en octobre.

ÉPINARDS ET CHICORÉE.

Ces deux espèces se préparent comme pour l'usage journalier; lorsqu'elles sont bien fraîchement cueillies, épluchées, blanchies, rafraîchies, pressées et hachées, je les mets en bouteilles ou en boîtes, etc., pour leur donner un quart d'heure de bouillon au bain-marie, etc.

Les carottes, choux, navets, panais, ognons, céleri, cardons d'Espagne, betteraves, et généralement tous les légumes se conservent également, soit blanchis seulement, soit préparés au gras ou au maigre pour en faire usage au sortir du vase. Dans le premier cas, je fais blanchir et cuire à moitié dans l'eau, avec un peu de sel, les légumes que je veux conserver; je les retire de l'eau pour les faire égoutter et refroidir: ensuite je mets en bouteilles, ou en boîtes, etc., pour les mettre au bain-marie, et donner aux carottes, choux, navets, panais, betteraves, une heure de bouillon, et une demi-heure, aux ognons, céleri, etc. Dans l'autre cas, je prépare mes légumes, soit au gras, soit au maigre, comme pour l'usage ordinaire; lorsqu'ils sont cuits aux trois quarts et bien préparés et assaisonnés, je les retire du feu pour les laisser refroidir; ensuite je les mets en bouteilles, je bouche, etc., pour leur donner un bon quart d'heure de bouillon, etc.

POMMES DE TERRE.

J'ai conservé ce légume de plusieurs manières.

1° J'ai fait cuire au bain de vapeur de grosses pommes de terre blanches; après les avoir bien épluchées, je les ai réduites comme de la chapelure de pain, et les ai mises en bouteilles de petite embouchure, puis je les ai tassées, bouchées, etc.

2° J'ai pris de ces mêmes pommes de terre, réduites comme les précédentes; je les ai assaisonnées de sel, de poivre, de fines herbes, et de bon beurre frais, ce qui a formé une espèce de pâte que j'ai mise dans des bouteilles, et que j'ai aussi tassées, bouchées, etc.

3° J'ai épluché des pommes de terre longues et rouges, et les ai coupées en rouelles minces et de la largeur d'un franc; et les ayant fait frire avec les assaisonnemens ordinaires, jusqu'à ce qu'elles aient obtenu une belle couleur, je les ai mises en bouteilles dès qu'elles ont été refroidies, et les ai bien tassées et bouchées, etc.

J'ai mis toutes les bouteilles contenant ces diverses préparations dans le même bain-marie, et leur ai laissé prendre seulement un bon bouillon. Au bout de huit mois, elles ont toutes été trouvées aussi fraîches que le jour même de leur préparation.

On pourrait aussi conserver des pommes de terre entières, en les mettant crues dans des bocaux. En faisant usage des boîtes, il sera facile de les conserver de toute manière et de toute grosseur, en leur donnant une demi-heure de bouillon.

TOMATES OU POMMES D'AMOUR.

J'ai fait cueillir les tomates bien mûres, lorsqu'elles ont acquis leur belle couleur. Après les avoir bien lavées et fait égoutter, je les ai coupées en morceaux et mis fondre sur le feu dans un vase de cuivre bien étamé. Lorsqu'elles ont été bien fondues et réduites d'un tiers de leur volume, je les ai passées au tamis clair, assez fin cependant pour retenir les pepins; le tout passé, j'ai remis la décoction sur le feu, et je l'ai rapprochée de manière qu'il n'en restât que le tiers du volume total. Ensuite j'ai fait refroidir dans des terrines de grès, et de suite mis en bouteilles ou en boîtes, etc., pour leur donner un bon bouillon seulement au bain-marie, etc.

Autre manière de préparer les tomates pour les conserver.

Après les avoir fait cueillir, comme les précédentes, bien mûres, je les fis exposer, rangées sur des planches, au grand soleil, pendant sept à huit jours, pour achever leur parfaite maturité; ensuite j'ai choisi les plus rouges et les plus molles que je fis mettre, par morceaux, égoutter sur des tamis, après les avoir lavées. Le lendemain matin je les fis fondre sur le feu; je leur donnai trois à quatre bons bouillons, et je les mis égoutter sur une toile claire tendue sur un panier; quatre heures après, je les fis passer à l'étamine, pour en avoir toute la pulpe que je mis ensuite sur le feu; je lui donnai un bon bouillon, avec le soin de la remuer pour qu'elle ne s'attachât pas; ensuite je mis cette pulpe égoutter sur des tamis clairs, jusqu'au lendemain matin: alors elle avait jeté la majeure partie de son eau de végétation, mais, comme il lui en restait encore, je la remis sur le feu; je lui donnai un bon bouillon, toujours en la remuant, et je la remis égoutter sur les tamis; le lendemain matin cette pulpe était comme une pâte, je la mis en bouteilles et au bain-marie après l'avoir bien bouchée, etc., pour lui donner un bon bouillon seulement.

Cette manière demande plus de sujétion, mais aussi on en est bien dédommagé; il faut moins de vases; elle est infiniment plus belle et meilleure que la précédente.

Je n'ai pas encore fait d'expériences sur les fleurs; mais il n'y a pas de doute que cette nouvelle méthode ne donne les moyens d'en obtenir des résultats précieux et économiques.

Plantes anti-scorbutiques, et généralement toutes les Plantes et tous les Sucs d'Herbes à l'usage de la Pharmacie et de la Médecine.

RAIFORT.

Après l'avoir bien nettoyé, je l'ai râpé et mis en bouteilles, que j'ai bien tassées et bouchées, etc., pour leur donner une demi-heure de bouillon au bain-marie.

COCHLEARIA, MENTHE POIVRÉE EN PLEINES FLEURS, CRESSON DE FONTAINE, ABSINTHE, ESTRAGON, FLEUR DE SUREAU, ETC., LE TOUT EN BRANCHES.

J'ai rempli plusieurs bouteilles de chacune de ces plantes, les plus fraîches possibles, je les ai comprimées un peu dans les bouteilles, au moyen d'un petit bâton, afin d'en faire contenir davantage; j'ai bien bouché, etc., et leur ai donné un bouillon seulement. Elles ont été parfaitement conservées[36].

Manière de conserver la fleur d'orange dans toute sa blancheur et son parfum naturel, ainsi que les boutons.

Je me procure cette fleur récemment cueillie et sans avoir été arrosée, comme celle qui est destinée à la vente au marché[37]. Je fais séparer du pistil les pétales blancs, qui sont mis au fur et à mesure dans des bouteilles de demi-litre. Dès qu'une bouteille est pleine, je la mets dans l'eau bien fraîche, après l'avoir légèrement bouchée, afin que l'eau ne puisse pas y pénétrer. Lorsque toutes les bouteilles sont ainsi disposées, après les avoir bien bouchées, ficelées, etc., je les mets au bain-marie couvert jusqu'à ce qu'il entre en ébullition. Aussitôt je retire le feu de l'appareil; un quart d'heure après, je découvre le bain-marie, et une demi-heure plus tard, je retire les bouteilles. J'opère de même avec les boutons que je mets dans le même bain-marie avec les pétales.

Les pistils sont mis en bouteilles de litre avec les feuilles fanées. Après les avoir bien bouchées, etc., je les mets au bain-marie, et leur donne un quart d'heure d'ébullition.

Comme ces bouteilles sont légères, on les maintient droites dans le bain-marie, au moyen d'une grille ou de tout autre objet.

On emploie la fleur d'orange ainsi conservée comme dans la saison, et l'on peut monter des bouquets avec les boutons.

SUCS D'HERBES.

J'ai très-bien conservé des sucs de plantes, tels que ceux de laitue, de cerfeuil, de bourrache, de chicorée sauvage, de cresson de fontaine, etc.; je les ai préparés et dépurés par les procédés ordinaires, j'ai bouché, etc., pour leur donner un bouillon au bain-marie, etc.

DES FRUITS ET DE LEURS SUCS.

Les fruits et leurs sucs demandent la plus grande célérité dans les procédés préparatoires, et particulièrement dans l'application de la chaleur au bain-marie.

Il ne faut pas attendre la trop grande maturité des fruits pour les conserver en entier ou en quartiers, parce qu'ils fondent au bain-marie; de même qu'il ne faut pas prendre ceux du commencement de la récolte, ni ceux de la fin. Les premiers et les derniers n'ont jamais autant de qualité ni de parfum que ceux qui sont cueillis dans la bonne saison, qui est celle où la majeure partie de la récolte de chaque espèce se trouve à la fois en maturité.

REMARQUES.

Les fruits que l'on veut conserver entiers, à moitié ou même en quartiers, fondent lors de l'application de la vapeur au bain-marie, et ont l'inconvénient non-seulement de s'écraser, de former des interstices plus ou moins grands, mais encore de laisser le vase plus ou moins en vidange. Afin d'éviter ces désagrémens pour les fruits rouges, tels que groseilles, framboises, cerises, etc., et pour mettre plus de précision et d'économie dans les procédés préparatoires, je choisis les sortes inférieures du fruit que je veux conserver, je les fais écraser pour en extraire le suc, que je passe à la chausse. Après avoir mis dans les bouteilles ou en boîtes la sorte que je veux conserver, je frappe la bouteille pour tasser légèrement, sans écraser le fruit, et je remplis la bouteille avec le suc que j'ai préparé jusqu'à trois pouces de la cordeline, je bouche, etc. J'opère de même sur les abricots, mirabelles, pêches, prunes de reine-claude, etc. On a toujours assez de fruits inférieurs, pour obtenir une quantité suffisante de suc pour ces opérations.

Dans une bonne année, j'avais conservé environ 3,000 bouteilles de moût de raisin; la vente ne s'en faisant que très-lentement, je l'ai employé à tous les fruits jaunes et blancs, en place du suc de ces fruits.

De cette manière, le fruit entier entouré de suc se soutient, conserve sa forme, et les bouteilles se trouvent toujours pleines.

GROSEILLES ROUGES ET BLANCHES EN GRAPPES.

Je fais cueillir les groseilles rouges et blanches séparées, pas trop mûres; je choisis la belle, et les plus belles grappes bien propres, et je les fais mettre en bouteilles, avec le soin de les faire tasser séparément sur le tabouret, pour remplir les vides; ensuite je bouche, etc., pour les mettre au bain-marie, que j'ai l'attention de surveiller; et aussitôt qu'il entre en ébullition ou au bouillon, j'en retire tout le feu bien vite, et un quart d'heure après je lâche l'eau du bain-marie par le robinet, etc.

GROSEILLES ROUGES ET BLANCHES ÉGRENÉES.

Je fais égrener les groseilles rouges et blanches séparées; elles sont mises de suite en bouteilles, et je les finis comme celles en grappes, avec les mêmes attentions, au bain-marie; je conserve beaucoup plus de ces dernières, parce que la grappe donne toujours une âpreté au suc de groseilles.

CERISES, FRAMBOISES, MURES ET CASSIS.

Je fais cueillir ces fruits pas trop mûrs, afin qu'ils s'écrasent moins à l'opération. Je les fais mettre en bouteilles séparément et tasser sur le tabouret, légèrement. Je bouche, etc., et je les finis comme et avec les mêmes soins que la groseille.

SUC DE MERISES.

Pour obtenir le suc et tirer de la merise toute sa couleur, je la prends très-mûre, j'en fais ôter toutes les queues; après quoi je fais fondre le fruit sur le feu dans une poële de cuivre: après leur avoir donné un bouillon couvert, je les mets égoutter sur des tamis; ce qui reste sur ces derniers est soumis à la presse, après en avoir séparé les noyaux, pour mêler les deux produits ensemble, que je mets de suite en bouteilles et au bain-marie, après les avoir bien bouchées, etc.

SUC DE GROSEILLES ROUGES.

Je fais cueillir la groseille rouge bien mûre, je la fais écraser sur des tamis clairs; je soumets à la presse le marc qui reste sur les tamis, pour en extraire tout le suc qui peut y rester, et que je mêle avec le premier; je parfume le tout avec un peu de suc de framboises. Je passe cette décoction au tamis un peu plus fin que les premiers[38]. Je mets en bouteilles, etc., et j'expose au bain-marie avec la même attention que pour la groseille en grains, etc.

J'opère de même pour le suc de groseilles blanches.

Pour les grandes opérations, j'ai fait construire des tamis de canevas de vingt-quatre à trente pouces de diamètre, assez serré pour retenir les pepins; je les ai fait ajuster sur un cuvier placé sur un trépied peu élevé. Ce cuvier est armé à sa base d'un robinet ou d'une broche. Je mets douze à quinze livres de groseilles dans un baquet, et avec un rabot ou morceau de bois de huit pouces de longueur sur trois pouces d'épaisseur bien emmanché, j'écrase les groseilles en les appuyant contre les parois du vase. Lorsque le fruit est bien écrasé, je le verse de suite sur le grand tamis de canevas, et le promène dessus, au moyen d'une spatule de bois, en ayant soin d'appuyer légèrement pour ne pas fatiguer le tamis. Dès que tout le suc est passé à travers le tamis, je mets à la presse le marc qui reste pour en extraire le suc qui s'y trouve, et je le réunis à celui qui est sur les tamis. On continue jusqu'à la fin de l'opération. C'est ainsi que j'ai employé jusqu'à deux mille quatre cents livres de groseilles en un jour.

Lorsque tout le suc est extrait, on met en bouteilles, on bouche, etc.

SUC DÉPURÉ DE GROSEILLES.

Après avoir préparé le suc de groseilles comme le précédent, au lieu de le mettre de suite en bouteilles, je le dépose dans des terrines ou bachots, suivant la quantité, que l'on emplit à moitié; j'y ajoute un dixième de suc de cerises[39], et je fais déposer le tout à la cave ou dans un endroit frais, pour y passer la nuit; du jour au lendemain il est pris en gelée. Je fais mettre cette gelée sur des tamis posés sur des vases; au bout de deux heures au plus la gelée est fondue, le mucilage reste sur les tamis, et j'obtiens le suc de groseilles limpide; je le mets en bouteilles pour mettre de suite au bain-marie après l'avoir bien bouché, etc.

SUC DE POMMES.

Je me suis servi de très-belles pommes reinettes, que j'ai pelées, coupées en quartiers, et dégarnies de leurs pepins; je les ai mis fondre, avec une quantité suffisante d'eau, dans une bassine, sur le feu. Étant bien fondues, j'ai passé cette marmelade au tamis; j'en ai pressuré le marc, que j'ai mêlé avec le premier suc; j'ai mis le tout en bouteilles, etc., et lui ai donné un bouillon au bain-marie.

SUCS D'ÉPINE-VINETTE, DE GRENADES, D'ORANGES, DE CITRONS, ETC.

Je commence par exprimer ces fruits; j'en passe les sucs au tamis, et je les mets dans des bouteilles que je bouche légèrement, pour les dépurer au bain-marie, où je les laisse jusqu'à ce qu'ils commencent à bouillir: je les retire aussitôt du feu, pour les laisser refroidir; je les ôte ensuite des bouteilles, et le lendemain, lorsque les sucs sont bien reposés, je les tire au clair dans d'autres bouteilles, je les bouche bien, etc., et je les remets au bain-marie, pour un bouillon seulement.

La plus grande célérité doit être mise dans la préparation de ces sucs, qui pourraient devenir limoneux et très-difficiles à s'éclaircir, particulièrement le suc de citron.

SUC DE VERJUS.

J'écrase dans un mortier, au moyen d'un pilon, le verjus le plus gros et le plus ferme possible; je le passe au tamis pour en retirer le pepin; j'y joins ce que j'ai pu extraire du marc au moyen de la presse; je mets le tout dans des bouteilles bien bouchées, etc., pour leur donner un léger bouillon au bain-marie.

Ces sucs, ainsi conservés, peuvent se garder plusieurs jours après avoir reçu le contact de l'air, sans éprouver d'altération.

FRAISES.

J'ai fait sur la fraise beaucoup d'expériences de diverses manières, sans pouvoir obtenir son parfum; il m'a fallu avoir recours au sucre. En conséquence, j'ai écrasé et passé des fraises au tamis comme pour faire des glaces; j'ai ajouté demi-livre de sucre en poudre, avec le suc d'un demi-citron pour livre de fraises; le tout bien mêlé ensemble, j'ai mis la décoction en bouteilles, bouché, etc.; je l'ai exposée au bain-marie jusqu'à ce que l'ébullition commençât, etc. Cette manière m'a très-bien réussi, à la couleur près, qui perd beaucoup; mais on peut y suppléer avec du suc de merise.

ABRICOTS.

Pour la table, l'abricot commun et l'abricot-pêche, tous deux de plein-vent, sont les deux meilleures espèces pour conserver. Ceux d'espalier n'ont pas, à beaucoup près, la même saveur et le même arome. Je mêle assez ordinairement ces deux espèces ensemble, parce que la première soutient l'autre qui a plus de suc, et qui fond davantage à l'action de la chaleur. On peut cependant les préparer séparément, en prenant la précaution de donner quelques minutes de moins au bain-marie pour l'abricot-pêche; c'est-à-dire qu'aussitôt que le bain-marie commence à bouillir, il faut en retirer le feu, au lieu que pour l'autre je ne retire le feu qu'après que le bain-marie est au premier bouillon.

Je fais cueillir les abricots, lorsqu'ils sont mûrs[40], mais un peu fermes, lorsqu'en les serrant légèrement, je sens entre les doigts le noyau se détacher. Aussitôt cueillis, je les coupe par la moitié en long, j'en ôte le noyau et la peau le plus mince possible, avec un couteau. Suivant l'embouchure des vases, je les mets en bouteilles, soit par moitié ou en quartiers; je les tasse sur le tabouret, pour remplir le vide; j'ajoute à chaque bouteille douze à quinze des amendes des noyaux que j'ai fait casser; je bouche, etc. Je les mets au bain-marie pour leur donner un bouillon seulement, et aussitôt j'en retire le feu avec la même précaution que celle employée à l'égard de la groseille, etc.

PÊCHES.

La grosse mignonne et la calande, sont les deux espèces de pêches qui réunissent le plus de qualités et de parfum; à défaut de ces deux espèces, je prends les meilleures possible, pour les conserver par les mêmes procédés que ceux employés pour les abricots[41].

BRUGNONS.

Je prends le brugnon bien mûr, c'est-à-dire plus mûr que la pêche, parce qu'il soutient mieux l'action du feu, et d'un autre côté je lui laisse la peau pour le conserver. Du reste, j'opère de la même manière que pour les abricots et les pêches, et toujours en surveillant le bain-marie, comme pour la groseille. Ayant remarqué que la peau du brugnon lui donnait un peu d'amertume, je conseillerai de le peler pour le conserver.

PRUNES DE REINE-CLAUDE ET MIRABELLE.

J'ai fait des prunes de reine-claude entières avec queue et noyau, ainsi que d'autres grosses prunes, et même des perdrigons et des alberges, qui m'ont très-bien réussi; mais l'inconvénient, c'est qu'il ne tient que très-peu de ces grosses prunes dans un grand vase, parce qu'on ne peut remplir les vides en les tassant, à moins de les écraser totalement, et que lorsqu'elles ont reçu l'application du feu au bain-marie, elles sont diminuées, et que les vases se trouvent à moitié vides. En conséquence, j'ai renoncé à cette manière trop dispendieuse, et j'ai pris le parti de ne conserver toutes les grosses prunes que coupées par moitié, après en avoir ôté le noyau. Ce moyen est plus facile et plus économique, les bouchons de calibre à boucher les gros objets étant plus chers et très-rares en liége très-fin; d'un autre côté, les vases de petite ou moyenne embouchure sont plus faciles à bien boucher, et l'opération par conséquent plus sûre. Pour la prune de mirabelle, et toutes autres petites prunes, je les prépare entières avec le noyau, après leur avoir ôté la queue, parce qu'elles sont plus faciles à tasser, et qu'elles ne laissent que très-peu de vide dans les vases. Pour toutes ces prunes généralement, entières ou coupées par moitié, j'emploie les mêmes procédés, les mêmes soins et les mêmes attentions que pour l'abricot et la pêche.

VERJUS ENTIER.

J'ai pris le plus gros verjus, très-ferme; je l'ai ouvert dans sa longueur, pour en retirer les pepins; je l'ai mis en bouteilles, tassé légèrement et bien bouché, pour lui donner un bouillon au bain-marie.

POIRES DE TOUTES ESPÈCES.

Lorsque les poires sont pelées, coupées en quartiers et nettoyées de leurs pepins, ainsi que des enveloppes de ces pepins, je les mets en bouteilles, etc., pour les mettre au bain-marie. Je surveille également le degré de chaleur qu'elles ne doivent éprouver que jusqu'à l'ébullition, lorsque ce sont des poires à couteau; pour les poires à cuire, je leur donne cinq à six minutes de bouillon au bain-marie. Les poires tombées ont besoin d'un quart d'heure de bouillon, etc.

COING.

Lorsqu'il est bien mûr, je lui ôte son duvet, et le prépare en quartiers, pour lui donner une bonne demi-heure de bouillon au bain-marie.

MARRONS GRILLÉS.

Après avoir coupé en longueur l'écorce des marrons, d'un côté seulement, je les fais griller dans une poêle percée jusqu'à ce qu'ils soient à moitié cuits, mais de manière qu'ils restent blancs, sans être tachés de feu. Il faut que le feu soit ardent, afin que les marrons s'épluchent facilement. On les met ensuite en boîtes ou en bouteilles, et on leur donne un quart d'heure de bouillon au bain-marie.

On peut encore conserver les marrons de cette manière, sans les éplucher, et après avoir coupé l'écorce de même qu'aux précédens. On les soumet ensuite à un quart d'heure d'ébullition au bain-marie.

On pourra faire griller les marrons préparés de cette dernière manière pour les servir à la serviette.

TRUFFES.

Après avoir bien lavé et brossé les truffes pour en ôter toute la terre, j'en fais enlever légèrement la superficie avec le couteau. J'ai l'attention d'en séparer les blanches, les musquées, les véreuses, ainsi que celles attaquées de la gelée. Ensuite, selon le diamètre ou l'ouverture de l'embouchure des vases, je les mets en bouteilles, entières ou coupées par morceaux: les résidus sont mis en bouteilles à part; le tout bien bouché, etc., je les mets au bain-marie, pour recevoir une heure de bouillon, etc. (Il n'est pas besoin de recommander que les truffes soient bien saines et des plus récentes.)

Les truffes ont l'inconvénient de fondre au bain-marie. Les vases sont quelquefois à moitié vides après l'opération, surtout ceux qui en contiennent de grosses. Afin d'obvier à cet inconvénient, j'ai pris le parti de donner aux truffes un degré de cuisson avant de les renfermer dans les bocaux ou boîtes. Voici la description de l'appareil (Pl. 4,*fig.* 3) dont je me sers:

a, appareil en forme de manchon, de cuivre rouge, bien brasé et étamé dans l'intérieur;

b, ouverture cylindrique à jour, de trois pouces de diamètre;

c, entrée, de trois pouces de diamètre, par laquelle on introduit les truffes grosses et petites, parées et non parées, après les avoir bien nettoyées et disposées comme nous l'avons dit plus haut.

Lorsque l'appareil est plus ou moins garni de truffes (car il n'est pas nécessaire qu'il soit plein), je ferme bien exactement l'entrée avec le couvercle *d*, et je lute avec du papier et de la colle ordinaire.

Le tout étant ainsi disposé, je porte l'appareil au bain-marie par les anneaux *e e*, et je le place sur un faux-fond percé de trous. J'ai soin qu'il ne baigne dans l'eau que jusqu'à sept ou huit pouces de hauteur, et que le lut ne soit point mouillé. Je maintiens l'appareil debout dans le bain-marie, en mettant dessus un poids suffisant.

Après avoir donné une heure de bouillon, je retire les truffes, que je laisse refroidir. Je les place sur un tamis posé sur une terrine; lorsqu'elles sont bien égouttées, je sépare les grosses d'avec les petites et les parées d'avec les non parées, et je les mets dans les vases disposés à l'avance. Le jus qui reste dans la terrine est distribué dans les bouteilles et les boîtes, suivant la quantité de truffes qui y sont renfermées. Après avoir bien bouché, fermé, etc., je mets au bain-marie, pour donner une demi-heure de bouillon.

C'est ainsi que je suis parvenu à obtenir des vases pleins de truffes entières, conservées avec tout leur parfum.

De quelque manière que les truffes soient préparées, pourvu qu'elles soient bien fraîches, elles se conserveront parfaitement deux ans, trois ans, et tant qu'on voudra.

CHAMPIGNONS.

Je prends les champignons, sortant de la couche, bien formés et bien fermes. Après les avoir épluchés et lavés, je les mets dans une casserole sur le feu avec un morceau de beurre ou de bonne huile d'olive, pour leur faire jeter leur eau, j'y ajoute du suc de citron, proportionnellement au nombre des champignons, pour en conserver la blancheur; je les laisse sur le feu jusqu'à ce que cette eau soit réduite de moitié; je les retire pour les laisser refroidir, dans une terrine, pour les mettre en bouteilles, et leur donner un bon bouillon au bain-marie, etc.

Les champignons se conservent également préparés de toute autre manière.

Le 9 septembre 1809, j'ai opéré en présence des membres de la commission, nommée par S. Exc. le ministre de l'intérieur, à l'effet de constater la nature de mes procédés.

Les expériences furent faites sur les objets suivans:

Bouilli, cuisses et ailes de volailles nageant dans du consommé;

Côtelettes et filets de mouton;

Fricassée de poulets, garnie de champignons;

Matelotte d'anguille, de carpe et brochet, garnie de ris de veau, d'anchois et d'ognons;

Des artichauts.

Tous ces objets furent renfermés dans des bocaux, ainsi qu'un pot-au-feu de ménage.

Du bouillon de mou de veau et de choux rouge;

Des champignons, des petits pois, petites fèves de marais, suc de groseilles, framboises entières et leur suc;

Du moût de raisin de Massy, de l'année, fut mis en bouteilles;

Du lait, du petit-lait, du sirop de raisin cuit légèrement, fait avec du moût de raisin de Massy, de l'année précédente, furent mis en demi-bouteilles, dont une pleine et deux en vidange;

Des sucs dépurés d'herbes, tels que de chicorée sauvage, bourrache, cresson de fontaine, mis en bouteilles, ainsi que de la menthe poivrée en branche.

Au total, soixante-deux, tant bocaux que bouteilles, qui furent cachetés, numérotés et déposés dans un panier, qui fut fermé, banderolé et cacheté par les membres de la commission, et déposé dans un cellier chez l'auteur, à Massy, pour y séjourner trente jours.

Le 12 octobre suivant, tous les membres de la commission firent procéder à l'ouverture du panier, ensuite à celle de toutes les bouteilles et vases y contenus.

Après qu'ils eurent reconnu la parfaite conservation de tous ces objets à froid, toutes les substances alimentaires furent les unes chauffées simplement, et les autres préparées au maigre et au gras, comme si elles eussent été fraîches; elles furent toutes reconnues pour être d'excellente qualité et aussi bonnes que lorsqu'on les avait renfermées.

C'est le rapport de ces expériences, fait, par la même commission, à S. Exc. le ministre de l'intérieur, qui a mérité à l'auteur les témoignages de bienveillance du gouvernement, avec un encouragement honorable. (*Voyez* la lettre de S. Exc. le ministre de l'intérieur.)

Je pourrais ajouter ici que M. Scipion Perrier, membre de la Société d'encouragement et du bureau consultatif des arts et manufactures au ministère de l'intérieur, se rappelant que, deux ans avant, je lui avais remis deux objets qui, à cette époque, étaient conservés depuis six mois, l'un, bœuf et volaille baignant dans du consommé pris en gelée; et l'autre, du lait, invita la commission dont il était membre à faire avec lui la dégustation de ces substances conservées et oubliées pendant deux ans et demi.

Il résulta de cette dégustation, que le bœuf et la volaille dans le consommé, contenus dans le bocal, le lait contenu dans la bouteille furent reconnus aussi frais et d'un goût absolument le même que celui qu'ils pouvaient avoir au moment de leur préparation.

Si, depuis plus de vingt à trente ans, les résultats obtenus, par les mêmes procédés, et soumis aux examens les plus rigoureux des gens de l'art des divers ports de mer, ont été le sujet du plus grand étonnement, on peut juger de celui de la commission devant laquelle le sieur Appert a développé tout le secret de sa méthode inconnue jusqu'alors: la surprise fut d'autant plus grande, que cette commission avait vu avec quelle simplicité et quelle facilité les procédés avaient été mis à exécution.

CAFÉ.

Après avoir donné la description exacte de l'unique procédé qui, dans un instant, procure un dîner à trois services, les amateurs ne verront pas sans intérêt qu'au moyen de ce même procédé, on obtient du café infiniment supérieur à celui préparé par tous les moyens connus jusqu'à nos jours, malgré les vains efforts qu'on a pu faire pour lui conserver son arome.

PREMIÈRE EXPÉRIENCE.

Ayant mis sur le feu une livre de café jusqu'à ce qu'il soit devenu couleur marron clair, et l'ayant trituré dans un mortier[42], je l'ai divisé, après l'avoir passé dans un tamis, dans trois bouteilles de demi-pinte que j'ai remplies d'eau fraîche jusqu'à trois pouces de la cordeline ou bague de la bouteille; je les ai bien bouchées pour leur donner seulement un bon bouillon[43] au bain-marie, d'où je les ai sorties quand elles ont été refroidies; après cette opération, j'ai laissé reposer le café deux jours pour le tirer au clair. Il en a été pris, tel qu'il sortait de la bouteille, il en a été mêlé avec de la crême, et il a été reconnu de l'une et de l'autre manière, renfermer beaucoup plus d'arome que préparé par toute autre méthode.

DEUXIÈME EXPÉRIENCE.

J'ai préparé de nouveau et de la même manière une autre livre de café, que j'ai aussi divisée dans trois bouteilles de demi-pinte. Au lieu de les remplir d'eau fraîche, comme dans la première expérience, je me suis servi de la décoction tirée au clair que j'ai eue en faisant bouillir, pendant six minutes, dans une cafetière, le marc qui restait dans les trois premières bouteilles; après avoir mis ces trois dernières bouteilles au bain-marie comme les premières, et les avoir laissé reposer deux jours, j'ai obtenu du café infiniment meilleur que le premier; et plein une cuiller à bouche seulement, dans deux onces de lait, a suffi pour en faire une excellente tasse.

TROISIÈME EXPÉRIENCE.

J'ai préparé une autre livre de café que j'ai divisée dans quatre bouteilles de demi-pinte; je les ai remplies, toujours à trois pouces de la cordeline, avec le café que j'ai extrait de la deuxième expérience, mêlé avec la décoction du marc qui en provenait; et les ayant soumises au bain-marie jusqu'à deux bouillons, je les ai, comme les précédentes, laissé refroidir et retirées pour les laisser reposer pendant dix jours; et les ayant tirées au clair, dans trois bouteilles que j'ai bien bouchées, etc., je leur ai donné un bouillon au bain-marie, etc. J'ai gardé ainsi conditionnées ces trois bouteilles dans ma cave pendant sept mois.

Cet extrait s'est trouvé parfaitement conservé et plein; deux à trois cuillerées à café suffisaient, avec l'eau nécessaire, pour procurer la meilleure tasse de café avec tout l'arome possible.

On voit par ces expériences, que si on les poussait plus loin, on pourrait avoir un extrait tel, qu'une cuillerée à café serait suffisante pour en faire une tasse, ce qui deviendrait extrêmement commode dans des voyages de long cours[44].

J'ajouterai qu'une personne qui en fait usage m'a assuré qu'il y avait un grand tiers d'économie, et que le café pris de cette manière prête plus à l'insomnie que tout autre, ce qui prouve évidemment sa force, qu'on pourra réduire en diminuant la quantité.

THÉ.

Rien n'est plus prompt à s'évaporer que son arome, auquel les amateurs attachent le plus grand prix. Voici le moyen de le conserver.

Il consiste à mettre dans une bouteille de demi-pinte, ou dans une plus petite, si l'on veut, une once de bon thé, à remplir cette bouteille d'eau et à la mettre au bain-marie, après l'avoir bien bouchée, pour l'en retirer six minutes environ avant l'ébullition: si on l'y laisse plus long-temps, il acquiert un goût un peu herbacé qui ne plaît pas à tout le monde.

Au bout de vingt-quatre heures, on peut faire usage de ce thé en en mettant plein une cuiller à café, plus ou moins, suivant la force qu'on désire, dans une théière remplie d'eau suffisamment chaude pour le prendre de suite; car si on prenait de l'eau bouillante, l'arome s'évaporerait en grande partie avant qu'on pût le porter à la bouche. Une bouteille peut servir un mois et plus, après avoir été débouchée; ainsi on pourra opérer suivant la consommation présumée, soit pour la maison, soit pour les voyages, etc.

MOUT DE RAISIN OU VIN DOUX.

En 1808, dans le temps des vendanges, j'ai pris du raisin noir, cueilli à la vigne avec soin; après en avoir fait ôter les grains pourris et ceux qui étaient verts, je l'ai fait égrener, ensuite écraser sur des tamis clairs; j'ai mis sous la presse le marc qui se trouvait sur les tamis, pour en extraire ce qui pouvait y rester; j'ai réuni le produit de la presse et des tamis dans une futaille. Après l'avoir laissé reposer ainsi vingt-quatre heures, je l'ai mis en bouteilles, etc., pour lui donner un bon bouillon au bain-marie, etc.[45]. Lorsque mon opération a été terminée, j'ai retiré les bouteilles de la chaudière; l'action du feu avait précipité le peu de couleur que le moût avait pris dans la préparation, et le moût de raisin s'est trouvé très-blanc. Je l'ai rangé dans mon laboratoire, sur des lattes, comme on place le vin.

A la récolte de 1810, j'ai répété la même expérience sur environ huit cents pintes de moût de raisin préparé avec les mêmes soins et attention.

Un quart a été mis en bouteilles sans aucune préparation.

Un autre quart a été dépuré et mis en bouteilles.

Le troisième quart a été dépuré, désacidifié, et mis également en bouteilles.

Le quatrième quart a été dépuré, désacidifié, rapproché à vingt degrés de l'aréomètre, et mis aussi en bouteilles: le tout a été bien bouché, etc., et mis au bain-marie pour y recevoir un bon bouillon.

Je l'ai déposé ensuite sur des lattes dans ma cave.

Procédé pour la conservation des vins dont la délicatesse ne permet ni le transport par mer, ni l'emmagasinage dans beaucoup de caves.

Personne n'ignore que les vins de France les plus délicats, notamment ceux de Bourgogne, ne peuvent supporter les voyages de mer les plus courts; la susceptibilité de quelques uns de ces vins est même si grande, qu'on est souvent obligé d'en faire la consommation dans les pays où on les récolte, par l'impossibilité d'en risquer le transport sans s'exposer à les dénaturer entièrement.

A l'époque où l'introduction des vins de France fut prohibée par terre dans le royaume des Pays-Bas, les propriétaires de ces vignobles furent plongés dans la consternation; une maison de Beaune, avec laquelle j'entretenais des relations, me pria de chercher les moyens de conserver les vins de ce cru, pendant les longs cours, et elle eut soin d'accompagner sa prière d'un panier de bouteilles consacrées aux expériences[46]. Animé du noble désir d'être utile à mon pays, et toujours plein de confiance dans les effets du calorique, je me mis au travail, et ne tardai pas à trouver la solution du problème. Voici comment je l'obtins:

Les bouteilles que l'on m'avait adressées étaient mal bouchées et trop pleines; j'en retirai un peu de vin, de manière à laisser un vide d'un pouce dans le goulot; je les rebouchai hermétiquement et les ficelai de deux fils de fer croisés. Après quoi je les mis dans le bain-marie dont je n'élevai la chaleur que jusqu'à 70 degrés, dans la crainte d'altérer la couleur.

Quinze jours après, j'envoyai à un de mes commettants du Havre douze bouteilles de ce vin, avec l'invitation d'en confier à plusieurs capitaines de navires pour qu'ils leur fissent essuyer le long cours, et me les rapportassent ensuite pour en faire la dégustation.

Afin de les comparer au retour, j'eus le soin de conserver par devers moi une certaine quantité de bouteilles auxquelles j'avais fait subir la même opération qu'à celles que je faisais embarquer, et, pour second terme de comparaison, j'en mis aussi de côté quelques unes telles que je les avais reçues de Beaune.

J'attendis plus de deux ans le retour de mes bouteilles; de six que mon commettant avait expédiées au long cours, deux seules revinrent de St.-Domingue. Très-curieux, comme on se l'imagine bien, de connaître le résultat d'une expérience aussi importante, je m'empressai de soumettre une de ces bouteilles à la dégustation d'un habile connaisseur. Il la compara avec deux autres, savoir une qui était restée dans la cave de mon correspondant du Havre, et qu'il venait de me renvoyer récemment, et une autre, de celles que j'avais conservées intactes. Le résultat de cette triple comparaison fut extraordinaire, et démontra que ce vin, originairement le même, présentait trois qualités essentiellement différentes.

La bouteille conservée chez moi, et qui n'avait pas subi la préparation, avait un goût de vert très-marqué; le vin renvoyé du Havre s'était fait et conservait son arome; mais la supériorité de celui revenu de Saint-Domingue était infinie, rien n'égalait sa finesse et son bouquet, la délicatesse de son goût lui prêtait deux feuilles de plus qu'à celui du Havre, et au moins trois de plus qu'au mien. Un an après, j'eus la satisfaction de réitérer cette expérience avec le même succès.

Il est donc incontestablement démontré par des faits aussi patens qu'on pourrait, à l'aide d'une préparation fort simple, exporter nos vins fins aux extrémités les plus reculées du globe; mais quand bien même mon procédé ne présenterait pas, comme il le fait, cet inappréciable avantage, de quelle utilité ne serait-il pas pour l'intérieur de la France, où il existe tant de caves dans lesquelles nos meilleurs vins ne se peuvent conserver, même en bouteilles? Espérons donc que le procédé si simple que je viens de décrire succinctement sera bientôt généralement adopté, et que son infaillibilité jointe au peu de frais qu'il occasionne, engagera beaucoup de propriétaires à en tenter l'essai. Je n'ajouterai qu'une seule recommandation, c'est celle de bien choisir la qualité des bouteilles et bouchons que l'on voudra employer, et de boucher avec le plus de soin possible.

Une épreuve bien importante, et que je me propose de faire incessamment, est celle de conserver nos vins en cercles; je pense qu'en opérant ainsi que je l'ai fait sur la bière, on pourrait obtenir d'heureux résultats, et arriver à les faire voyager en pièces.

CHAPITRE VI.

Préparation des substances destinées à être conservées en boîtes.

BŒUF, SOUPE ET BOUILLI.

Les boîtes et autres ustensiles étant préparés: dans la soirée qui précède l'opération, on fait abattre le nombre de bœufs choisis qu'exige la fourniture commandée, et qui peut aller jusqu'à trois à la fois, du poids de huit cents à mille livres. Le lendemain, sur les cinq heures du matin, ces viandes sont amenées de l'abattoir à la fabrique par deux garçons bouchers chargés de les diviser en morceaux, et de les désosser *à blanc.*

La moitié du bœuf[47] est séparée en deux par le milieu, entre la dernière côte et l'aloyau. Après avoir levé l'épaule, on en détache le manche et ensuite le collier, à côté du morceau dit surlonge; avec la scie on sépare la poitrine par le milieu des côtes. Ces cinq parties sont mises à part, et l'on passe à la division du quartier de derrière. On en retire le rognon avec la graisse qui l'entoure: on enlève avec précaution et à blanc le filet mignon, qu'on accroche à une allonge: avec la scie on sépare la cuisse de la culotte, et ensuite cette dernière de la bavette et des fausses côtes, ainsi que de l'aloyau. Ces quatre morceaux sont joints aux premiers pour être désossés[48].

Cette opération se commence par le bout du collier, c'est-à-dire par la joue du bœuf; lorsqu'elle est entièrement désossée, on passe au collier, et ainsi de suite aux autres morceaux du quartier de devant, dont on épluche toutes les parties sanguines, les nerfs, les peaux inutiles, et le trop de graisse qui se trouve parfois dans le haut du collier. Après cette préparation avec des allonges, on accroche ces morceaux à la tringle.

On procède de la même manière sur les parties du quartier de derrière et sur la cuisse. Après en avoir séparé la jambe, on enlève la noix, la semelle, la sous-noix et le trumeau. On épluche toutes ces parties et on les accroche comme les précédentes.

Quand ce travail est fini, on ramasse les os qui en proviennent; avec un fort couperet on les brise en aussi petites parties que possible; on y ajoute les parures des viandes, les nerfs et les tirans: on charge du tout un autoclave dans lequel on verse assez d'eau de fontaine, pour qu'elle s'élève à quatre pouces au-dessous du contenu; on pousse la chaleur à 180 degrés. De cette manière on utilise tous les débris dont on fait un excellent bouillon.

Pendant que cette opération se consomme, on divise les viandes désossées en morceaux proportionnés à la dimension des boîtes qu'on veut employer.

Avec une feuille de boucherie bien affilée, le collier est coupé sur sa longueur en trois morceaux qui sont roulés et solidement ficelés, ainsi que cela se pratique dans toutes les cuisines, et pour toute espèce de morceau de bœuf[49].

La viande divisée et préparée est mise dans des chaudières de décharge placées à cet effet auprès de l'autoclave: celui-ci étant assez refroidi pour qu'on puisse l'ouvrir sans danger, on dégraisse le bouillon qu'il contient, et on le décante sur les viandes auxquelles on ajoute l'assortiment de légumes disposé dans un filet et l'assaisonnement convenable au pot-au-feu[50].

Cela fait, les chaudières sont couvertes et poussées à l'ébullition; dès qu'elles y sont parvenues, on modère le feu en fermant exactement les fourneaux, et on laisse *mitonner* les viandes jusqu'à ce qu'elles soient cuites à-peu-près aux trois quarts. Alors, avec une grande fourchette, on les retire et on les met égoutter sur des passoires; on les saupoudre de gros sel et on les laisse refroidir sur des plateaux jusqu'au lendemain.

Comme les légumes ne sont pas encore assez cuits lorsqu'on retire les viandes des chaudières, jusqu'à ce qu'ils le soient, on est obligé de rallumer le feu et de remettre le bouillon à l'ébullition, qui doit être entretenue doucement pendant une couple d'heures. Après avoir retiré les légumes, avec trois ou quatre œufs on clarifie le bouillon qu'on laisse reposer toute la nuit, après l'avoir écumé et couvert.

Le lendemain dès le matin il est décanté sur une étamine, et recueilli dans un autre appareil destiné à en opérer la réduction à la consistance de six à sept degrés à l'aréomètre.

Dans cet intervalle, on déficèle les viandes cuites de la veille, on les partage en morceaux convenables, que l'on met ensuite dans des boîtes, qu'au préalable on a eu le soin de bien laver et essuyer.

Au fur et à mesure qu'elles sont remplies, l'ouvrier les ferme exactement, les soude à cœur au pourtour, et les garnit de la manière indiquée pour les fonds à l'article des boîtes, page 37.

Cette opération achevée, on introduit par le trou pratiqué au couvercle le bouillon réduit, en observant d'en couvrir seulement les viandes, et de laisser un vide dans la boîte proportionné à sa dimension, afin que la dilatation des substances se puisse effectuer, lors de l'application du calorique par le bain-marie. Les boîtes chargées, on ferme le trou avec une capsule de fer-blanc que l'on ajuste bien, et que l'on soude avec grand soin.

Quand les boîtes sont ainsi chargées et fermées, elles sont rangées dans une chaudière de décharge, pour recevoir l'action du calorique de la manière que nous avons indiquée, en traitant particulièrement du bain-marie.

Lorsque tous les détails relatifs à la préparation des viandes bouillies et à leur mise en boîtes sont terminés, je reviens aux morceaux mis en réserve: le filet mignon est piqué et mis à la broche; le rognon est sauté; de la queue du bœuf on fait un hochepot aux racines. Ces trois morceaux sont mis en boîtes comme le bouilli, et en observant les mêmes procédés.

OBSERVATION GÉNÉRALE.

Les opérations qui viennent d'être décrites s'appliquent à toutes les *viandes de boucherie*, au *porc*, à la *volaille* et au *gibier*, ainsi qu'au *poisson*, aux *légumes* et aux *fruits*; la différence ne consiste que dans l'application du calorique qui doit être modifié en raison du degré de solidité des substances soumises à son action.

CHAPITRE VII.

Manière de faire usage des Substances préparées et conservées.

VIANDES, GIBIER, VOLAILLES, POISSONS.

Un pot-au-feu ordinaire, dont le degré de cuisson a été bien calculé dans la préparation, ainsi que lors de l'application de la chaleur au bain-marie, n'a besoin que d'être chauffé au degré convenable pour en obtenir potage et bouilli.

Pour plus grande économie, et moins multiplier les vases, un bon consommé, tel que je l'ai indiqué, est plus convenable, parce que le bœuf, ainsi que le consommé, n'a besoin également que d'être chauffé, et qu'au moyen de moitié ou deux tiers d'eau qu'on ajoute au consommé, on obtient un bon potage.

De même une bouteille de pinte de consommé, au moyen de deux pintes d'eau bouillante que vous y ajoutez au moment d'en faire usage, donne douze bons bouillons, en y mettant un peu de sel. Ainsi on peut avoir chez soi et à peu de frais une petite provision de bouillon pour le besoin et les temps de chaleur, où il est si difficile de s'en procurer, surtout dans les campagnes.

RIZ AU GRAS.

Plein une cuiller à bouche de cette substance conservée comme il a été dit, suffit, avec trois onces d'eau environ, pour faire un excellent potage.

On pourra l'employer de telle autre manière qu'on désirera.

Quant à toutes les viandes, volailles, gibier, poissons, etc., qui ont reçu trois quarts de cuisson dans la préparation et le surplus au bain-marie, comme je l'ai indiqué, je les fais chauffer en sortant du vase, au degré convenable, pour les servir de suite sur la table. S'il arrivait, par exemple, qu'au sortir du vase, l'objet qui y était renfermé ne fût pas assez cuit, par le défaut des procédés préparatoires, ou pour n'avoir pas reçu suffisamment l'application de la chaleur au bain-marie, dans ce cas on le met sur le feu pour lui donner le degré de cuisson nécessaire. En conséquence, lorsque l'artiste aura bien soigné ses préparations, qu'elles seront assaisonnées et cuites à propos, l'usage en sera facile et commode dans tous les cas, parce que, d'un côté, on n'aura besoin que de faire chauffer, et que, de l'autre, on pourra les manger froides au besoin. Les substances ainsi préparées et conservées n'exigent pas, comme on pourrait le croire, d'être consommées aussitôt qu'elles sont débouchées. On peut faire usage des comestibles d'un même vase pendant huit et dix jours après qu'il a été débouché[51], avec le soin seulement de remettre le bouchon aussitôt qu'on en a pris pour le besoin; ainsi on pourra régler la capacité des vases d'une à vingt-cinq pintes et plus, suivant l'importance des consommations présumées.

HACHIS AUX TRUFFES.

On peut faire usage de cette substance préparée et conservée telle qu'elle sort de la bouteille; on peut également en farcir divers objets et l'employer de toute autre manière au goût et à la volonté des consommateurs.

GELÉE DE VIANDES ET DE VOLAILLES.

Une gelée bien préparée et conservée, retirée du vase, en morceaux, avec soin, peut garnir des viandes froides, ou bien on la fera fondre seulement dans le vase, au bain-marie, après l'avoir débouché; ensuite on la coulera sur un plat pour la faire reprendre sur de la glace, avant de la servir.

Avec une bouteille de pinte d'essence ou gelée de bœuf, de veau, de mouton, volaille, etc., préparée comme il est dit page 68, on obtiendra cinquante bons bouillons en ajoutant par cuillerée de cette essence, trois onces d'eau bouillante, et un peu de sel.

Cette gelée peut être d'un grand secours et d'une grande économie dans les voyages, particulièrement ceux de mer; cent bouteilles ne tiendront pas beaucoup de place dans un vaisseau, et on aura cinq mille bons bouillons à volonté, qui, à raison de sept francs par bouteille, ne reviendront qu'à quatorze centimes chacun.

Dans une infinité de circonstances, un cuisinier manque des objets nécessaires pour tirer des sauces, etc. Avec les essences de viandes, de volailles, de jambon, etc., ainsi qu'avec des fonds de glaces bien préparés et conservés, il se les procurera à la minute.

BOUILLON OU GELÉE PECTORALE.

Quant à la gelée pectorale, préparée et conservée comme je l'ai indiqué, page 72, l'usage s'en fait, soit en la coupant en sortant de la bouteille, avec plus ou moins d'eau bouillante, soit froide telle qu'elle se trouve, dans les proportions que les personnes de l'art jugeront les plus convenables dans les différens cas.

LAIT ET CRÈME.

La crème, le lait, le petit-lait, préparés et conservés comme je l'ai indiqué, s'emploient de la même manière que ces objets frais, aux mêmes usages journaliers.

Puisque la crème et le lait se conservent parfaitement de cette manière, il n'y a pas de doute qu'on pourra de même conserver les crèmes d'entremets, ainsi que celles pour des glaces qui, lorsqu'elles auront été bien préparées et finies avant d'être mises en bouteilles, n'auront besoin que d'être chauffées légèrement au bain-marie, après avoir été débouchées pour les faciliter à sortir du vase. On pourra se procurer ainsi, de suite et à la minute, des crèmes et des glaces[52].

LÉGUMES.

Les légumes mis en bouteilles sans être cuits, et soumis ensuite à l'action de la chaleur du bain-marie de la manière indiquée, ont besoin d'être préparés au sortir du vase, pour en faire usage. Cette préparation est suivant le goût et la volonté de chacun, et conforme aux différentes méthodes employées dans la saison. Il faut avoir l'attention de laver ses légumes au sortir du vase, et même pour faciliter leur sortie, j'emplis la bouteille d'eau tiède, et, après l'avoir égouttée de cette première eau, je lave les légumes dans une seconde eau un peu plus chaude, et après les avoir égouttés, je les prépare au gras, ou au maigre.

HARICOTS BLANCS.

Je fais blanchir, comme dans la saison, le haricot blanc au sortir de la bouteille, dans de l'eau avec un peu de sel; lorsqu'il est cuit à propos, je le retire du feu et je le laisse dans cette eau de cuisson une demi-heure et même une heure, pour le rendre plus moelleux, ensuite je le prépare au gras ou au maigre.

HARICOTS VERTS.

Je fais blanchir de même le haricot vert, lorsqu'il n'est pas assez cuit par les procédés conservatoires, ce qui arrive quelquefois ainsi qu'aux artichauts, aux asperges et aux choux-fleurs, etc. S'ils sont assez cuits au sortir du vase, je ne fais que les laver à l'eau chaude, pour ensuite les préparer.

PETITS POIS VERTS.

Les petits pois verts se préparent de bien des manières. Si, dans la saison, ils se trouvent mal préparés, c'est la cuisinière qui reçoit les reproches; mais en hiver, s'ils ne se trouvent pas bons, on a grand soin de s'excuser sur celui qui les a conservés, quoique les mauvaises préparations tiennent le plus souvent au mauvais beurre, à l'huile ou à la graisse rance qu'on emploie sans attention ou par économie; une autre fois on les prépare deux heures trop tôt, on les laisse languir et attacher au fond de la casserole sur le feu, et on les sert suant le beurre tourné en huile, avec le goût de caramel, ou bien on les fait sans soin et avec trop de précipitation; c'est ainsi qu'on voit servir des pois verts qui se noient dans l'eau; mais chacun a sa manière: voici la mienne.

Aussitôt que les petits pois sont lavés et bien égouttés de suite (car il ne faut pas laisser séjourner ce légume dans l'eau, non plus que les petites fèves de marais: cela leur ôterait de leur qualité), je les mets avec un morceau de bon beurre frais sur le feu, dans une casserole; j'y ajoute un bouquet de persil et de ciboules; après les avoir sautés plusieurs fois dans le beurre, je les singe avec un peu de farine, et les mouille, un instant après, avec de l'eau bouillante, jusqu'à fleur des pois; je les laisse ainsi bouillir un bon quart d'heure, jusqu'à ce qu'il n'y ait plus que très-peu de sauce; alors j'assaisonne de sel et d'un peu de poivre, je les laisse sur le feu jusqu'à ce qu'ils soient réduits, je les en retire aussitôt pour y ajouter, par bouteille de petits pois, gros comme une bonne noix de beurre frais avec plein une cuiller à bouche de sucre en poudre; je les saute bien sans les remettre sur le feu, jusqu'à ce que le beurre soit fondu, et je les dresse en rocher sur un plat que j'ai eu soin de faire bien chauffer. J'ai remarqué plusieurs fois, qu'en ajoutant le sucre aux petits pois, lorsqu'ils sont sur le feu, et leur donnant seulement un bouillon, les petits pois étaient racornis et la sauce allongée, de manière à ne pouvoir plus les lier; ainsi on fera la plus grande attention à ne mettre le sucre et le dernier beurre aux petits pois, qu'au moment de les servir, et après les avoir retirés du feu; c'est le seul moyen de les bien finir, car il ne doit jamais paraître de sauce aux petits pois, pas plus en été que dans l'hiver.

Il est encore une autre manière de manger de bons petits pois, et qui pourra convenir à plusieurs personnes, elle consiste à faire cuire, dans de l'eau, les petits pois tout simplement; lorsqu'ils sont cuits, on les retire de l'eau pour les sauter avec un morceau de bon beurre frais, sel, poivre et sucre tout ensemble, sur un feu très-doux, pour les servir de suite sur un plat très-chaud; il faut faire attention que les petits pois ne doivent pas bouillir avec l'assaisonnement, autrement le beurre tournerait en huile, et le sucre relâcherait les petits pois qui fondraient en eau.

Quant aux petits pois conservés par la nouvelle manière que j'ai adoptée définitivement et décrite page 96, on aura soin de ne les faire chauffer qu'au bain-marie au moment du service, en y ajoutant toutefois ce qui pourrait manquer d'assaisonnement d'après le goût du consommateur.

FÈVES DE MARAIS.

Je prépare les petites fèves de marais, robées, ainsi que celles qui sont dérobées, par les mêmes procédés et les mêmes attentions que ceux employés pour les petits pois.

Je fais d'excellente purée avec les gros pois conservés; ils sont également très-bons au gras. Quant aux asperges, artichauts, choux-fleurs, etc., ils se préparent à l'ordinaire après avoir été lavés, etc. On pourra faire cuire aux trois quarts les petits pois, fèves, haricots verts, et toutes espèces de légumes, les assaisonner ainsi qu'on le fait, lorsqu'on veut en faire usage de suite, les mettre en bouteilles ou autres vases lorsqu'ils sont refroidis, les boucher, etc. et leur donner une demi-heure de bouillon au bain-marie; on aura par ce moyen des légumes bien conservés, tout préparés, dont on pourra faire usage à la minute, sans autre précaution que celle de les faire chauffer; et encore il est bien des cas où ces légumes pourraient se manger froids: on évitera de cette manière tout embarras pour les voyages de terre et de mer, etc.

POMMES DE TERRE.

Ces substances conservées, peuvent être préparées en quenelles, ou quenèpes à l'allemande, pour garnir des entrées, etc. On en fait aussi d'excellens potages, en place de fécule de cette plante. Avec ces végétaux conservés, on fait, en hiver, d'excellentes macédoines.

CHICORÉE ET ÉPINARDS.

Je prépare la chicorée et les épinards comme d'usage, soit au gras, soit au maigre; chaque bouteille de pinte contient deux ou trois plats, soit d'épinards, soit de chicorée, suivant qu'ils sont forts. Lorsque je n'ai besoin que d'un plat, je rebouche la bouteille, que je garde pour un autre jour.

JULIENNE.

Après avoir vidé une bouteille de pinte de julienne conservée, j'ajoute deux litres d'eau bouillante, avec un peu de sel, et j'ai un potage pour douze à quinze personnes.

COULIS DE RACINES.

Ainsi que la julienne, les coulis de racines, les purées de lentilles, de carottes, d'ognons, etc., bien préparés, fourniront d'excellens potages à la minute, avec la plus grande économie.

Tous les farineux, tels que le gruau, le riz, l'épautre, la semoule, le vermicelle, et généralement toutes les pâtes nourrissantes et de facile digestion, pourront être assaisonnés et préparés, soit au gras, soit au maigre, même avec du lait, avant de les soumettre aux procédés conservatoires, pour en faciliter l'usage à la mer, et aux armées, au moment des besoins.

TOMATES.

J'emploie les tomates ou pommes d'amour conservées, aux mêmes usages que dans la saison; elles n'ont besoin, en sortant de la bouteille, que d'être chauffées et assaisonnées convenablement.

OSEILLE.

Comme l'oseille conservée par les procédés que j'ai indiqués, ne diffère en rien de celle du mois de juin, au sortir du vase, je l'emploie de la même manière que dans la saison.

RAIFORT.

Au sortir de la bouteille, j'ai mis cette substance sur le feu avec du bouillon et assaisonnement convenable; après l'avoir laissée bouillir un quart d'heure, j'y ai ajouté un morceau de beurre frais, et on l'a servie dans une saucière avec le bouilli. C'est ainsi qu'en Allemagne on préfère le raifort à la moutarde.

Des Plantes conservées en général.

Pour obtenir des extraits de diverses productions, soit réduites, soit conservées par ma méthode, on sera dispensé de les rapprocher jusqu'à les altérer comme cela arrive souvent: il suffira, aussitôt leur confection plus ou moins consistante, suivant leur nature, de les mettre en bouteilles, les boucher, etc., et leur donner un bouillon seulement au bain-marie.

FRUITS.

La manière de faire usage des fruits conservés par les procédés que j'ai indiqués, consiste, 1° à mettre chaque fruit dans un compotier, tel qu'il se trouve dans la bouteille, sans y ajouter de sucre, parce que beaucoup de personnes, et particulièrement les dames, préfèrent les fruits avec leur suc naturel; on accompagne ces compotes d'un autre compotier de sirop de raisin, ou de sucre en poudre, pour les amateurs. J'ai reconnu, par l'expérience, que le sirop de raisin conserve, infiniment mieux que le sucre, l'arome et l'acidité agréable des fruits. Voilà la manière la plus simple et la plus économique de préparer d'excellentes compotes; manière d'autant plus commode, que chacun peut satisfaire son goût pour le plus ou le moins de sucre. 2° Pour faire des compotes sucrées, je prends une livre de fruits conservés, n'importe lequel, que je mets en sortant de la bouteille, avec son suc, dans un poêlon, sur le feu, avec quatre onces de sirop de raisin. Dès qu'il commence à bouillir, je le retire du feu, et j'enlève l'écume au moyen d'un morceau de papier gris que j'applique sur la surface. Aussitôt que j'ai écumé, je retire légèrement le fruit du sirop, pour le mettre dans un compotier; après avoir fait réduire le sirop, sur le feu, de moitié de son volume, je le mets sur le fruit dans le compotier. Ces fruits ainsi préparés sont suffisamment sucrés, et aussi savoureux qu'une compote fraîche faite dans la saison.

COMPOTES A L'EAU-DE-VIE.

3° Pour faire des compotes à l'eau-de-vie, soit de cerises, d'abricots, de prunes de reine-claude, de poires, de pêches et de mirabelle, etc., je prends indistinctement une livre de fruits avec le suc, que je mets dans un poêlon, sur le feu, avec un quarteron de sirop de raisin. Lorsqu'il est prêt à bouillir, j'écume; après quoi je retire légèrement le fruit du sirop, pour le mettre dans un vase; je laisse le sirop sur le feu, jusqu'à ce qu'il soit réduit au quart de son volume; ensuite je le retire du feu, pour y ajouter un verre de bonne eau-de-vie; et après avoir bien mêlé le tout, je verse ce sirop chaud sur le fruit que j'ai mis dans le vase, que j'ai le soin de bien fermer, afin que le fruit se pénètre mieux de ce sirop, etc.

On fera également avec la poire et la pêche conservées, des compotes grillées, ainsi que des compotes au vin de Bourgogne, avec de la cannelle, etc.

MARMELADE.

4° Je fais de la marmelade, soit d'abricots, de pêches, de prunes de reine-claude et de mirabelle, par le procédé suivant. Je mets pour livre de fruits conservés, une demi-livre de sirop de raisin; je fais cuire le tout ensemble à grand feu, ayant soin de bien remuer avec une spatule, afin d'éviter que le fruit brûle; lorsque la marmelade est cuite, à une consistance légère, je la retire, parce que les confitures les moins cuites sont toujours les meilleures. Comme les fruits conservés donnent la facilité de ne faire des confitures qu'au fur et à mesure des besoins, en les faisant cuire légèrement, on aura toujours d'excellentes confitures fraîches.

Avec les fruits conservés, et surtout avec l'abricot et la pêche, on fait, en hiver, des charlottes et de la pâtisserie délicieuses.

On fera de même les pâtes d'abricots, de coings, etc., avec ces fruits conservés, en employant du sucre en place de sirop de raisin.

Nouvelle manière d'obtenir avec plus de précision les marmelades d'abricots, de pêches, de prunes et de tout autre fruit.

Je les prépare comme celles dont je viens de parler. Au lieu de les rapprocher à feu nu, je les soumets au bain de vapeur en me servant de l'appareil destiné à rapprocher le lait, Pl. 4, *fig.* 2, dans lequel je les place. Par ce moyen, on obtient toutes les marmelades infiniment plus belles, sans risquer de les brûler, et l'on est à l'abri de tout accident.

GELÉE DE GROSEILLES.

Le moyen de faire de la gelée de groseilles, avec le suc de ce fruit conservé, est tout simple; je mets demi-livre de sucre pour livre de suc de groseilles (qui doit être parfumé d'un peu de framboises). Après avoir clarifié et fait cuire mon sucre au cassé, je mets la groseille, je lui donne trois ou quatre bouillons, et lorsqu'elle tombe de l'écumoire en petites nappes pas plus grosses qu'une lentille, je la retire du feu pour la mettre dans des pots, etc.

On fera, de la même manière, des gelées de framboises, de coings, de verjus, de pommes, etc., avec les sucs de ces fruits conservés.

SIROP DE GROSEILLES.

Pour faire ce sirop, j'emploie le suc dépuré de groseilles, qui n'est pas susceptible de gelée comme celui conservé avec son mucilage. Je mets demi-livre de sirop de raisin, pour livre de fruit, le tout ensemble sur le feu. Lorsqu'il est cuit à consistance d'un sirop léger, je le retire du feu pour le mettre en bouteilles lorsqu'il est refroidi.

Voici un moyen bien plus simple et plus économique, de faire usage, non-seulement du suc de groseilles, mais de celui de tous les fruits dont on se sert pour composer des boissons acidules. Ce moyen consiste tout bonnement à mettre dans un verre d'eau légèrement sucrée, avec du sirop de raisin, plein une cuiller à bouche de suc de groseilles conservé, ou de tout autre, tel qu'il se trouve dans la bouteille, à survider dans un autre verre, et à le boire; ce moyen sera d'autant plus facile, qu'en tout temps il sera aisé d'avoir chez soi, ou de se procurer, à peu de frais, de ces sucs ainsi conservés; c'est de cette manière que, depuis vingt-cinq ans, nous nous servons à la maison du suc de groseilles, et le plus souvent nous préparons cette limonade sans sucre ni sirop.

Tous les sirops en général, soit simples, soit composés, s'obtiendront des substances conservées, comme des mêmes substances fraîches.

Dans les voyages où les circonstances exigeraient de ces sirops, pour éviter l'embarras de les faire au moment du besoin, on pourra en préparer, avec la quantité de sucre ou de miel, ou de sirop de raisin nécessaire seulement à la consommation, une provision qu'on mettra dans des bouteilles aussitôt leur confection, pour, après les avoir bien bouchées, leur donner un bouillon au bain-marie.

Par ce procédé qui conservera le sirop tant qu'on voudra, sans fermentation ni altération, on n'aura plus besoin, comme il est d'usage par les autres moyens, d'employer deux livres de sucre pour une livre de suc de plantes ou de fruits, etc., et de forcer la cuisson, dernier moyen qui fait que la majeure partie du sucre se sépare des substances pour se candir dans les bouteilles; encore les substances ne se conservent-elles que quelques mois.

GLACES.

J'ai préparé et fait des glaces de groseilles, de framboises, d'abricots, de pêches, ainsi que de fraises, conservées, comme je l'ai indiqué, par la méthode employée dans la saison de ces fruits.

J'ai fait ces expériences avant qu'il fût encore question du sirop de raisin; maintenant que cette production touche à sa perfection, le sirop de raisin aigrelet ou acide, de la fabrique de M. Privat, de Meze, pourra remplacer le sucre de cannes ou de betteraves, pour la préparation des glaces de fruits. Comme je l'ai déjà observé, le sirop de raisin conserve mieux que le sucre l'arome de tous les fruits. Le sucre masque tellement le goût des fruits, qu'on est obligé d'ajouter dans toutes les glaces de fruit le suc de plusieurs citrons, pour en faire ressortir l'arome; ainsi, lorsqu'on emploiera le sirop de raisin aigrelet, on sera dispensé des citrons, et les glaces de fruits en seront plus moelleuses. Les sirops doux de raisin s'emploieront avec succès pour toutes les glaces à la crème.

Depuis plusieurs années, les glaciers de Paris font usage, pour les glaces, en hiver, de sucs de groseilles rouges et blanches, de framboises, d'abricots, de pêches, etc., conservés par ma méthode; il n'a été fait aucune différence entre ces glaces et celles consommées en été, et faites avec les fruits mêmes.

SUC DE MERISES.

Ce suc est très-précieux dans beaucoup de circonstances, en raison de sa belle couleur; il peut être employé pour tous les sirops de fruits qui en ont besoin, pour les liqueurs et les vins au moment des vendanges: on en fait aussi de très-bonnes glaces; il est donc essentiel d'en avoir toujours de conservé pour s'en servir au besoin.

LIQUEURS.

J'ai composé des liqueurs et des ratafias avec des sucs de fruits conservés et sucrés avec le sirop de raisin. Ces préparations ne le cédaient en rien aux meilleures liqueurs de ménage.

Les moyens simples et faciles que je viens d'indiquer, de préparer tous les fruits conservés pour l'usage journalier, prouvent suffisamment que cette méthode, aussi sûre qu'utile, apportera la plus grande économie dans la consommation du sucre de cannes. Les consommateurs, et les artistes particulièrement, qui, par état, sont obligés, pendant l'été, à des provisions considérables de cette denrée étrangère, pour les sirops, les confitures, les liqueurs, ainsi que pour tous les objets de pharmacie, seront dispensés d'en acheter; et, en effet, il leur suffira de faire leur provision de fruits à la récolte, et de les conserver par cette nouvelle méthode, pour ne les préparer au sucre qu'au fur et à mesure des besoins. Il en résultera que la majeure partie de tous ces fruits, ainsi conservés, seront consommés, sans ou avec très-peu de sucre; que beaucoup seront préparés avec le sirop de raisin, et qu'il n'y aura que pour des objets indispensables et pour satisfaire de vieilles habitudes ainsi que le luxe de quelques tables, qu'on emploiera le sucre de cannes ou de betteraves.

Il en résultera que, dans une bonne année, il ne faudra pas de sucre pour faire des provisions pour les cas de disette, et qu'on obtiendra, à peu de frais, avec des fruits conservés, de deux, trois et quatre ans, les mêmes jouissances que dans les années d'abondance.

MARRONS.

Je plonge les marrons conservés dans l'eau fraîche; au sortir du vase, je les poudre d'un peu de sel menu, et je les fais griller dans la poêle, à grand feu. De cette manière ils sont excellens; on peut se dispenser de les mouiller et d'y mettre du sel, mais il faut toujours qu'ils soient grillés à grand feu.

TRUFFES ET CHAMPIGNONS.

Je les emploie conservés, aux mêmes usages et de la même manière que lorsqu'ils ont été recueillis dans la saison.

MOUT DE RAISIN.

Lorsque je fis mes premières expériences pour conserver le moût de raisin dans son état récent, l'*Instruction sur les moyens de suppléer le sucre dans les principaux usages qu'on en fait pour la médecine et l'économie domestique*, par M. Parmentier, n'était pas encore parvenue à ma connaissance. C'est dans cette précieuse instruction que j'ai puisé les moyens d'employer, à de nouvelles expériences, deux cents bouteilles de moût de raisin que j'avais conservées six mois auparavant.

1° J'ai fait de très-bon sirop de raisin, en suivant les procédés de M. Parmentier, que voici littéralement:

PRÉPARATION DU SIROP DE RAISIN.

«On prend vingt-quatre pintes de moût, et on en met la moitié dans un chaudron placé sur le feu, avec la précaution d'éviter une trop forte ébullition. On ajoute de nouvelle liqueur à mesure que celle du chaudron s'évapore; on écume et on agite à la surface, pour augmenter l'évaporation. Lorsque la totalité du moût est introduite, on écume, on retire la chaudière du feu, et on ajoute de la cendre lessivée, enfermée dans un nouet, ou du blanc d'Espagne, ou de la craie réduite en poudre et délayée préalablement dans un peu de moût, jusqu'à ce qu'il ne se fasse plus d'effervescence ou espèce de bouillonnement dans la liqueur, qu'on a soin d'agiter. Par ce moyen on sépare, on neutralise les acides contenus dans le raisin; on s'assure que la liqueur n'est plus acide, lorsque le papier bleu qu'on y plonge n'est pas coloré en rouge. Alors on replace la chaudière sur le feu, après avoir laissé déposer un instant, et on y met deux blancs d'œufs battus. On filtre la liqueur à travers une étoffe de laine fixée sur un châssis de bois de douze à quinze pouces carrés, de manière à occuper peu de place; on fait bouillir de nouveau, et on continue l'évaporation.

«Pour connaître si le sirop est cuit, on en laisse tomber avec une cuiller sur une assiette: si la goutte tombe sans jaillir et sans s'étendre, ou si, en la séparant en deux, les parties ne se rapprochent que lentement, alors on juge qu'il a la consistance requise.

«On le verse dans un vaisseau de terre non vernissé, et après qu'il est parfaitement refroidi, on le distribue dans des bouteilles de médiocre capacité, propres, sèches, bien bouchées, qu'on porte à la cave. Il faut qu'une bouteille, une fois entamée, ne reste pas long-temps en vidange, et avoir l'attention de la tenir le goulot renversé, chaque fois qu'on s'en est servi.

«Il n'est guère possible de déterminer d'une manière précise la quantité de craie ou de cendre qu'il est nécessaire d'employer; il en faut moins au midi qu'au nord: mais, dans tous les cas, l'excédant ne saurait nuire, vu qu'il reste confondu, sur le filtre, avec les autres sels insolubles et les écumes.

«Si dans la vue de conserver plus long-temps ces sirops, on portait la cuisson trop loin, on se tromperait, car il ne tarderait pas à se cristalliser au fond des bouteilles et à se décuire; dans le cas contraire, si on ne l'évaporait pas suffisamment, il fermenterait bientôt: une ménagère n'aura pas fait deux fois de ces sirops, qu'elle saura saisir le degré de cuisson qu'il faut leur donner, mieux qu'on ne pourrait lui indiquer le point où il convient qu'elle s'arrête.»

SIROP ET RATAFIAS.

C'est avec le même sirop de raisin que j'ai préparé les compotes, les confitures, les sirops et les boissons acidules, ainsi que les liqueurs et ratafias de tous les fruits dont j'ai parlé.

2° J'ai fait avec le même moût, et par les mêmes procédés, du sirop, excepté que je n'ai fait cuire ce dernier que légèrement, c'est-à-dire un quart de moins que le premier, voulant m'assurer si, au moyen de l'application de la chaleur au bain-marie par les procédés indiqués, il se conserverait. Lorsque mon sirop, ainsi préparé, a été refroidi, je l'ai mis dans trois bouteilles, l'une pleine et les deux autres en vidange d'un quart et de moitié; j'ai bouché, ficelé, etc., et soumis au bain-marie jusqu'au bouillon seulement, et je n'ai remarqué aucune différence de la bouteille pleine à celles en vidange; toutes trois se sont parfaitement conservées.

3° J'ai pris six pintes de moût de raisin conservé, auxquelles j'ai ajouté deux pintes de bonne eau-de-vie vieille, portant vingt-deux degrés, avec deux livres de sirop de raisin que j'avais préparé. Cette préparation, que j'ai bien mêlée, m'a servi à composer quatre liqueurs différentes, au moyen d'infusions de noyaux d'abricots, de menthe, de fleur d'orange et de badiane que j'avais disposés à l'avance; ces liqueurs, bien filtrées, ont été trouvées fort bonnes et suffisamment sucrées.

4° J'ai pris deux bouteilles de moût conservé que j'ai débouchées et transvasées dans deux autres bouteilles propres qui ont été de suite bouchées et ficelées; j'ai laissé ces deux bouteilles debout pendant dix jours; après cet intervalle, cette liqueur fit sauter son bouchon, comme le meilleur vin de Champagne, et moussait de même.

5° J'ai répété cette dernière expérience de la même manière; au bout de douze à quinze jours, ne voyant aucune apparence de fermentation dans les bouteilles, je les débouchai pour leur rendre de l'air, et, dans deux, je mis plein une cuiller à bouche de suc de framboises conservé. Après les avoir rebouchées et ficelées, je les ai encore laissé passer huit jours debout; au bout de ce temps, le blanc et le rosé firent sauter le bouchon; ils moussaient parfaitement et étaient fort agréables au goût, particulièrement le rosé parfumé de framboises.

J'ai fait, depuis, avec le même moût de raisin, de la récolte de 1808, l'expérience suivante:

J'ai pris trois bouteilles de vin blanc de Chablis de trois feuilles; je l'ai coupé avec autant de moût, ce qui m'a fait six bouteilles que j'ai bien bouchées, ficelées et mises à la cave.

Au bout de quinze jours, la fermentation s'était si fort prononcée, que je trouvai deux de ces bouteilles cassées; je relevai les quatre restantes sur le cul, pour leur éviter le même sort. J'en débouchai une un mois après; le bouchon sauta comme au plus grand mousseux de Champagne. Les trois autres furent débouchées successivement, et produisirent le même effet. La mousse suivit le bouchon jusqu'au plafond.

La qualité de ce Champagne factice était bien supérieure à celle de mes premières expériences, et bien des personnes l'eussent pris pour du vrai Champagne.

Les amateurs, qui voudront répéter ces expériences, seront bien dédommagés de leurs peines, en se procurant, à très-peu de frais, le plaisir de faire eux-mêmes des vins, et même des liqueurs mousseuses, avec du moût de raisin de leur récolte.

Déjà j'ai fait diverses expériences avec les quatre espèces de moût que j'ai conservé, en 1810, par mes procédés. En voici une que j'ai répétée plusieurs fois.

Vins de Liqueur, blancs et rouges.

J'ai pris du raisin très-mûr et bien épluché, que j'ai fait égrener et écraser sur des tamis; j'ai soumis à la presse le marc, pour en extraire tout le suc qui pouvait y rester, et que je mêlai avec le premier; le moût ainsi préparé, j'en ai mis dix-huit pintes dans un baril de vingt-quatre; j'ai achevé de le remplir avec six pintes, c'est-à-dire le quart, de bonne eau-de-vie vieille de Montpellier, portant 22 degrés à la température. Après avoir bien bouché le baril, je l'ai oublié au cellier pendant six mois, après lequel temps je l'ai mis en bouteilles, et rangé sur des lattes, à la cave, l'ayant bien bouché sans le ficeler.

Il est à remarquer, qu'en opérant ainsi, le moût de raisin se trouve muté au moyen du quart d'eau-de-vie qui y est ajouté, et que cette liqueur, après avoir précipité tout ce que le moût pouvait avoir de fermentescible, le maintient très-limpide, et se combine avec lui, de manière à perdre son goût au bout de six à huit mois, qu'il se convertit en vinosité.

Par ce procédé, j'ai obtenu, après huit mois, du vin liquoreux, très-agréable, auquel on aurait donné deux ou trois feuilles.

Ce vin qui, tout bien calculé, ne m'est revenu qu'à 10 sous la bouteille, est, quant à la qualité, supérieur au vin cuit qu'on a l'usage de faire aux vendanges.

D'après ces expériences, faites avec le raisin de Massy, il est plus que probable que, dans le Midi, ainsi que dans les bons vignobles, on obtiendra des résultats infiniment précieux. On y conservera ainsi le moût de raisin, pour le rapprocher à volonté, par la congélation, en consistance de sirop, après l'avoir désacidifié, pour le sirop doux; ou bien si l'on rapproche le moût sur le feu, le degré de cuisson, de 25, 30 ou 33, à l'aréomètre, deviendra indifférent pour conserver ces sirops pendant plusieurs années, en les soumettant à l'application de la chaleur du bain-marie, par les procédés préparatoires que j'ai employés.

Au moyen de ces procédés, faciles à mettre en pratique, et surtout peu coûteux dans l'exécution, on obtiendra des sirops plus clairs, plus blancs (fussent-ils faits de raisin noir) et d'une douceur franche et libre, exempts de goût de mélasse et de caramel, ce qu'on n'a pu encore éviter quand on a voulu donner au sirop de raisin le degré de cuisson convenable pour le garder.

C'est ainsi que, conservée dans des bouteilles ou dames-jeannes de toutes capacités, cette précieuse production pourra être exportée à de longues distances, en toutes saisons, et venir de Bergerac, de Mèze, et de toutes les fabriques du midi, bonifier les produits de nos petits vignobles, et faire jouir toutes les classes de la société de cette utile ressource.

BIÈRE.

Tout le monde connaît la difficulté et même l'impossibilité de conserver cette boisson, aussi utile pour la santé qu'économique pour le ménage[53]. La casse des bouteilles, occasionnée par la fermentation fougueuse de ce liquide, en augmente considérablement le prix. Ajoutez qu'enfin elle est presque toujours défectueuse au bout de quelques mois. Pour prévenir ces inconvéniens, j'ai fait l'expérience suivante:

J'ai mis en bouteilles de la bière sortant de la brasserie; après qu'elle a été reposée et bien claire, je l'ai bouchée, etc., pour lui donner un bon bouillon au bain-marie, etc. Après un an d'intervalle, j'ai débouché une de ces bouteilles: la bière s'est trouvée aussi bonne que le jour où je l'avais mise en bouteilles.

Après avoir ôté un tiers de cette bouteille, je l'ai rebouchée et laissée debout dans ma chambre, pour examiner si l'air que je lui avais rendu la ferait fermenter. Pendant trois mois, cette bière est restée parfaitement tranquille et aussi potable que le jour auquel je l'avais débouchée; et quoiqu'elle soit restée en vidange pendant tout ce temps, il ne s'y est pas manifesté la plus légère apparence de fermentation.

Il y a déja quelques années que, pour m'assurer plus particulièrement de l'influence du calorique sur les substances les plus fermentescibles, j'ai opéré de la même manière sur la levure de bière[54], et cette levure est restée plus de dix-huit mois, après avoir été débouchée et rebouchée avec peu de soin, sans avoir éprouvé la moindre apparence de fermentation.

Il résulte de ces expériences, qu'au moyen de ces nouveaux procédés, non seulement on pourra se procurer partout et en tout temps d'excellente bière, aussi bonne, au bout de plusieurs années, qu'en sortant de la brasserie; mais que les brasseurs trouveront encore, par ces mêmes procédés, les moyens d'en fabriquer et d'en conserver pour la saison où presque toujours elle perd sa qualité.

En effet, il est certain que la bière qui aura passé au bain-marie, soit en bouteilles, soit en dames-jeannes, bien bouchées, pourra, après un court intervalle, être remise en cercle et se conserver fort long-temps, et même pendant plusieurs années. Loin de perdre pendant ce temps sa qualité, elle en acquerra une très-supérieure. Je suis persuadé que la bière conservée d'après mes procédés, peut supporter, sans aucune altération, les voyages d'outre-mer. C'est d'après l'expérience que j'en ai faite, et que je vais décrire, que j'ose le garantir.

Je me suis procuré trois quarts de très-bonne bière[55] nouvellement fabriquée; trente-six heures après l'avoir collée, je l'ai mise en bouteilles et passée, au bain-marie de la manière ci-dessus indiquée; j'ai laissé ces bouteilles reposer dix jours: je les ai ensuite déposées dans les mêmes fûts d'où la bière avait été tirée, et pendant deux ans je cessai de m'en occuper.

Ce ne fut qu'au bout de ce long intervalle, que profitant un jour de la présence de deux curieux qui visitaient ma fabrique, je leur offris d'en faire la dégustation; ces messieurs trouvèrent cette bière excellente, et n'hésitèrent pas à la comparer au Porter d'Angleterre. Pour me convaincre qu'il n'y avait pas trop d'exagération dans cet éloge, j'envoyai chercher aussitôt à l'hôtel des Américains une bouteille de véritable Porter qui me coûta 1 fr. 60 c., et j'eus la satisfaction de me convaincre que la différence, s'il en existait une entre cette bière et la mienne, était si imperceptible, que les plus grands connaisseurs auraient eu de la peine à la signaler.

Les amateurs de bière mousseuse pourront s'alarmer du succès de cette méthode; mais qu'ils se rassurent, on trouvera les moyens de les satisfaire, soit en leur fabriquant exprès, soit en ajoutant quelques parties de cette bière mousseuse à celle qui aurait été conservée suivant mon procédé, pour lui rendre de la fermentation. L'industrie opère tous les jours de nouveaux miracles.

D'après l'exposé de toutes les expériences qu'on vient de détailler, on voit que cette nouvelle méthode de conservation est fondée sur un principe unique, l'application du calorique à un degré convenable aux diverses substances, après les avoir privées, autant que possible, du contact de l'air[56]. Il ne s'agit point ici, comme dans les expériences des chimistes de Bordeaux, de détruire l'agrégation des substances alimentaires; d'avoir, d'un côté, la gelée animale, et de l'autre, la fibre privée de tout son suc et semblable à un cuir tanné. Il ne s'agit point, comme dans les tablettes de bouillon, de préparer, à grands frais, une colle tenace, plus propre à déranger l'estomac qu'à lui fournir un aliment salubre.

Le problème consistait à conserver toutes les substances nutritives avec leurs qualités propres et constituantes. C'est ce problème que j'ai résolu, comme il est démontré par mes expériences[57].

OBSERVATIONS GÉNÉRALES.
PREMIÈRE OBSERVATION.

La méthode que je viens de publier exige des frais de manutention, des peines et des soins; on éprouve, en la pratiquant, des avaries et du déchet; mais si l'on réfléchit aux grands avantages qu'elle procure, ces avaries et ces déchets sont bien peu de chose, en comparaison de ceux qu'entraînent les anciennes méthodes qui, outre les dépenses énormes qu'elles occasionnent, ne présentent que des incertitudes dans leurs résultats.

Sans parler des dépenses occasionnées par l'achat des préparations plus ou moins soignées, celui des bouteilles, qui deviennent ustensiles de ménage, et qui peuvent servir tant qu'elles existent[58], dépenses d'ailleurs communes aux autres méthodes, les frais qu'exigent mes procédés, consistent en bouchons, fil de fer ou ficelle, combustible pour le bain-marie, casse et avaries.

Mais, pour fixer ces frais, il faut prendre pour base les opérations qui peuvent avoir lieu dans un ménage; on pourra ensuite très-facilement les comparer aux opérations en grand, en réfléchissant que dans celles-ci, tout devient infiniment plus économique; et comme de grands vases peuvent avoir, dans un ménage, de très-grands inconvéniens, en raison du peu de consommation, je n'admettrai dans mon calcul que des bouteilles d'une pinte et des bouchons analogues.

Les bouchons très-fins de huit à dix-huit lignes de diamètre en tête, coûtent de 1 fr. 25 cent. à 7 fr. 50 c. le cent; je les porte l'un dans l'autre à 5 fr., ce qui fait par bouchon.	5 c.
Deux brins de fil de fer ou ficelle.	2 c.
Combustible pour le bain-marie.	5 c.
J'évalue la casse et l'avarie portées au plus haut, de dix à quinze bouteilles par cent, ce qui fait à peu-près dix centimes par bouteilles, ci.	10 c.
	— —
TOTAL	22 c.

par bouteille, pour frais de manutention, qui pourront se réduire, sans exagération, à 15 c. dans les grandes opérations.

Ainsi, les procédés de ma méthode étant invariables et toujours les mêmes, comme leur principe, on pourra savoir facilement dans un ménage, à combien revient une bouteille d'une pinte de substance conservée, quelle qu'elle soit, en ajoutant au prix de son achat les 22 centimes pour frais de manutention, et dans les grandes opérations, en y ajoutant seulement 15 centimes que j'ai fixés pour dépenses de ces dernières.

La conservation dans les boîtes de métal ne sera pas plus dispendieuse que celle dans les vases de verre, surtout lorsque l'on n'emploiera que des boîtes de fer battu bien soignées dans leur confection: elles pourront servir plusieurs fois. Dans les grandes opérations, l'emploi des boîtes de métal est de la plus facile exécution et présente une économie considérable, déduction faite des avaries que l'on ne peut éviter dans cette manutention.

DEUXIÈME OBSERVATION.

Il serait inutile d'entrer dans de grands détails, pour savoir à combien peut revenir chaque substance conservée. Ma méthode pouvant être employée dans tous les pays, il me serait presque impossible de fixer les prix divers de chacune des substances qui doivent varier suivant leurs qualités, leur abondance, et les lieux qui les produisent; il me suffit d'avoir prouvé jusqu'à l'évidence, que les frais de manutention de ma méthode sont aussi modiques que les procédés sont simples et faciles à mettre à exécution; je puis même avec assurance avancer que, dans bien des circonstances, ces mêmes substances conservées sont à meilleur marché que les pareilles dans le temps moyen de leur saison naturelle, parce que l'on pourra faire, notamment pour les fruits et les légumes, toutes ses provisions aux époques où ils sont les plus communs, et par conséquent moins coûteux.

TROISIÈME OBSERVATION.

Les différens instrumens et ustensiles désignés sur la Planche 1 ne sont prescrits que pour plus grande précaution, pour plus grande facilité, et particulièrement pour les opérations en grand.

QUATRIÈME OBSERVATION.

Tous les artistes de bouche, tels que les confiseurs, les distillateurs, les pharmaciens, les restaurateurs, les pâtissiers, les limonadiers, les aubergistes, etc., déjà exercés dans la manipulation des préparations, et dans l'art de conserver les substances alimentaires, trouveront dans leur laboratoire tous les ustensiles, etc., nécessaires pour opérer avec avantage, d'après ces nouveaux procédés.

Néanmoins, tous les ustensiles et vases de ménage peuvent servir avec le même succès pour cette nouvelle méthode.

CINQUIÈME OBSERVATION.

Dès que cette méthode sera connue, on trouvera chez les faïenciers les bouteilles et les vases convenables. Les bouchons de tous calibres, et comprimés à la mâchoire, le fil de fer tout préparé, seront fournis par les marchands de bouchons. On trouvera également chez les fabricans des boîtes de fer-blanc et de fer battu de toutes dimensions avec leurs couvercles.

Dans les cas qui exigent des bouteilles à grandes embouchures, il sera toujours prudent de se procurer des bouchons avant les bouteilles, pour ne s'approvisionner que de celles qui auraient des embouchures proportionnées à la grosseur des bouchons qu'on aura; car il peut arriver, ce que j'ai éprouvé souvent, de ne pouvoir trouver des bouchons de grosseur telle qu'on pourrait la désirer.

Les verreries de la Garre, de Sèvres et de Prémontré, près de Coucy-le-Château, fabriquent des bouteilles et des bocaux propres à ma méthode. Cette dernière verrerie, qui me fournit depuis long-temps, est celle dont j'ai été le plus satisfait.

SIXIÈME OBSERVATION.

Le moyen de bien boucher ne dépend que d'un peu de pratique: il suffira de s'appliquer à une douzaine de bouteilles, avec l'assurance et l'exactitude convenables, pour se familiariser avec le verre[59].

Partout, et tous les jours, on met des vins, des liqueurs, etc., en bouteilles, qu'on fait voyager par terre et par mer, jusqu'aux régions les plus éloignées; les dames-jeannes de verre, de quarante à quatre-vingts pintes de capacité, pleines d'huile de vitrol, et d'autres fluides, sont transportées avec le même succès. Il en sera donc de même de toutes les substances animales et végétales conservées en bouteilles, etc., lorsqu'on aura pris à leur égard l'habitude des soins et des précautions qu'elles exigent. Combien de liqueurs précieuses sont souvent perdues ou altérées, faute d'avoir été bien bouchées.

Personne ne doutera, d'après toutes les expériences et les observations que j'ai détaillées, que la mise en pratique de cette nouvelle méthode qui, comme on a pu le juger, réunit à la plus grande économie, un degré de perfection inespéré jusqu'à ce jour, ne procure tous les avantages suivans:

Le premier, diminution considérable dans la consommation du sucre de cannes.

Le deuxième, emploi du sirop de raisin.

Le troisième, conservation dans tous les pays et pour toutes les saisons, des substances alimentaires végétales et animales, des plantes et sucs médicinaux, très-abondants et à très-bas prix, dans certains temps et dans diverses contrées, et très-rares et à très-haut prix dans d'autres.

Le quatrième, moyen certain de procurer aux hospices civils et militaires, aux armées mêmes, les secours les plus précieux, et dont le détail se présente si naturellement à l'imagination, qu'il serait superflu d'en faire l'énumération.

Le cinquième, ressources inappréciables pour la marine, en ce qu'avec cette méthode, on peut procurer, à bord des vaisseaux, et avec une économie de plus de cinquante pour cent, une nourriture fraîche et salubre, pour les voyages de long cours; en ce que les gens de mer pourront avoir dans leurs maladies de l'excellent bouillon, diverses boissons acidules, des légumes et des fruits; en ce qu'ils pourront jouir d'une foule de substances alimentaires et médicamenteuses, dont l'usage préviendra ou guérira les maladies que l'on contracte en mer, et particulièrement le scorbut; ressources bien dignes de fixer l'attention, quand on réfléchit que les salaisons et leurs mauvaises qualités entraînent la mort d'un nombre considérable de marins.

Le sixième, moyen certain pour la médecine de soulager l'humanité souffrante, par la facilité de trouver en toutes saisons, les substances animales, les végétaux et les sucs des plantes de tous les pays, avec toutes leurs qualités et leurs vertus naturelles.

Le septième, nouvelle branche de commerce d'échange et d'industrie, en ce que cette méthode facilite l'exportation des substances trop abondantes en France, et l'importation des denrées et des productions qui ne viennent exclusivement que dans les pays qui lui sont étrangers.

Le huitième, moyen de conservation et facilité d'exportation des vins de beaucoup de vignobles, en ce que ces vins, qui peuvent à peine durer un an sans altération, et encore sans déplacement, pourront se conserver plusieurs années, et être envoyés à l'étranger.

Le neuvième, celui de conserver les meilleures bières, de les transporter dans les pays les plus éloignés et de les maintenir telles qu'elles sont au moment où elles sortent de la brasserie.

Le dernier enfin, le domaine de la chimie enrichi de cette découverte, à laquelle elle ne manquera pas de donner de nouveaux développemens.

Tous ces avantages, et tant d'autres que l'expérience fera découvrir, produits par une seule et même cause, sont dignes de l'attention de tous les amis de l'humanité, et particulièrement de celle de ces savans recommandables qui se livrent avec une constance infatigable à l'étude de la nature.

Qu'on jette maintenant un coup-d'œil sur toutes les autres méthodes tant anciennes que modernes; que l'on en calcule les résultats, et l'on verra si elles peuvent soutenir un instant la moindre idée de comparaison avec une découverte dont le principe unique s'applique généralement à tout, et dont le succès est aussi certain qu'agréable et utile à l'humanité.

Résumé des Procédés.

Pour la plus grande intelligence de cet ouvrage, et pour soulager la mémoire du lecteur, je crois indispensable de faire ici la récapitulation des procédés qui constituent ma méthode. Il résulte donc de tout ce qui précède:

1° Que le bain-marie appliqué aux diverses substances, d'une manière convenable, et ainsi qu'il est expliqué dans les différens articles qui leur sont relatifs, est l'unique moyen connu jusqu'à ce jour pour opérer la parfaite conservation de toutes les substances, sans exception;

2° Que ce qui concourt le plus efficacement à ce but, est le parfait bouchage, pour lequel on ne doit rien négliger: une palette est nécessaire pour forcer le bouchon d'entrer;

3° Que les bouteilles doivent être bien confectionnées, c'est-à-dire que la matière soit répartie également; elles doivent, pour opérer le parfait bouchage, avoir une embouchure conique comme celle des bouteilles de Champagne.

4° Que les boîtes de fer-blanc et de fer battu doivent être bien confectionnées, avec des matières de premier choix, bien laminées, décapées, planées avec soin, et que l'étamage doit être bien soigné, afin d'éviter les soufflures que l'étamage peut masquer; défaut, qui provient du laminage ou du décapage;

5° Qu'on peut se servir de bouteilles de deux, trois, quatre, cinq, etc., pintes, même de dames-jeannes de vingt à quarante pintes de capacité, pour conserver des substances en raison des consommations présumées;

6° Que pour les grosses pièces, soit en viandes, poissons, gibier ou fruits, on se sert de bocaux en verre, de plus ou moins grande embouchure; les boîtes de métal les remplacent maintenant avec plus d'avantage;

7° Que les bouchons doivent être du liége le plus fin;

8° Que pour s'en servir, il faut les comprimer, sans les mouiller, au moyen d'une mâchoire à levier.

9° Que les bouchons pour les vases à grandes embouchures ne peuvent se composer que de plusieurs pièces collées ensemble[60], de manière que les pores du liége soient dans une direction horizontale à l'embouchure du vase: les bouchons, ainsi composés, doivent être comprimés comme les précédens;

10° Que les bouteilles, bocaux, etc., doivent être ficelés;

11° Qu'on ne parviendra à bien ficeler les bouchons pour les grandes embouchures, qu'en appliquant sur leur largeur, lorsque le vase est déja bouché, un morceau de liége, pour donner prise à la ficelle ou fil de fer sur le bouchon;

12° Que toutes les bouteilles et les bocaux doivent être enveloppés de linges, ou mis dans des sacs faits exprès, pour subir le bain-marie;

13° Que les bouteilles, boîtes, etc., pourront être disposées dans la chaudière, de telle manière et dans telle position que l'on voudra; cependant il est plus convenable, par rapport aux bouchons et aux couvercles, de les mettre debout;

14° Que les préparations étant ainsi disposées dans la chaudière, on la remplit d'eau fraîche;

15° Que plus on évitera l'évaporation de l'eau en ébullition, plus on s'évitera la peine d'ajouter de l'eau au bain-marie, comme il a été dit, et plus on économisera le combustible: ce n'est qu'à cet effet que j'ai prescrit le couvercle pour couvrir la chaudière, et recommandé de préférence le bain-marie couvert.

16° Qu'ayant ainsi préparé la chaudière, on la tient plus ou moins de temps à l'action du feu, suivant la nature des substances qu'on veut conserver, ainsi qu'il est dit à chaque article;

17° Que le temps prescrit étant expiré, on doit aussitôt retirer tout le feu du fourneau, si l'on opère dans une chaudière construite en maçonnerie, ou bien la retirer de suite de dessus le feu, si sa nature le comporte;

18° Que pour les substances qui exigent plus d'un bouillon au bain-marie, et lorsqu'on opérera sans couvercle, il faut entretenir l'eau à la même hauteur dans la chaudière; que l'eau qu'on doit y ajouter doit être bouillante;

19° Que par la nouvelle manière d'appliquer le calorique au bain-marie, ce dernier doit être toujours exactement couvert, et n'a jamais besoin d'être rempli.

20° Qu'un quart d'heure après avoir privé du feu le bain-marie, on doit en retirer l'eau par le robinet; et s'il n'y a pas de robinet, on en retirera les bouteilles lorsque l'eau sera assez refroidie pour en supporter la chaleur à la main.

21° Que l'eau étant sortie de la chaudière, on la découvrira une demi-heure après seulement; et une heure après l'avoir découverte, on en retirera les bouteilles, etc.

22° Qu'on doit, en examinant les bouteilles avec précaution, s'assurer qu'elles n'ont aucune avarie au sortir du bain-marie, et les coucher ensuite sur des lattes, à la cave ou dans un lieu tempéré;

23° Que l'on peut, si l'on veut, et sans que cela soit d'une absolue nécessité, goudronner les bouteilles avec du galipot seul, ou avec le lut indiqué par M. Bardel, avant de les ranger à la cave;

24° Que les vases à grandes embouchures étant bien plus chers et bien plus difficiles à boucher parfaitement que ceux à petites embouchures, il sera plus facile, plus économique et plus certain, d'opérer sur les substances animales, après les avoir désossées, et sur les gros fruits, après les avoir coupés par quartiers;

25° Que le même bain-marie peut contenir différentes espèces de substances dans des bouteilles ou boîtes séparées, pourvu que ces substances aient été disposées de manière à n'avoir besoin que du même degré de chaleur au bain-marie.

CHAPITRE VIII.

Des autoclaves et de la manière de les gouverner.

La plus grande partie des manipulations qui s'opèrent dans ma fabrique, particulièrement l'extraction de la gélatine et la fonte des suifs, ne s'obtenant qu'au moyen de l'*autoclave*, j'ai pensé qu'il serait utile à l'intelligence de mes procédés d'entrer dans quelques détails au sujet de cet appareil. C'est là uniquement le motif qui me détermine à en parler, et je prie d'avance mes lecteurs d'être bien convaincus que je n'ai ni la prétention, ni les connaissances suffisantes pour traiter cet article sous le point de vue scientifique. Simple praticien, je ne me propose d'autre but que de consigner ici ce qu'une longue expérience m'a appris touchant la manière de gouverner un appareil, jusqu'à présent trop redouté, et avec lequel le temps et l'habitude m'ont, pour ainsi dire, identifié.

Le digesteur de Papin, dont l'autoclave n'est qu'une modification, est connu en Europe depuis plus d'un siècle; l'apparition de ce terrible appareil causa, parmi les savans de l'époque, un étonnement mêlé d'effroi. Tout en payant à l'auteur le juste tribut d'éloges dû à son génie, on évita autant qu'on le put de faire l'application de sa machine, tant on en redoutait les effets. Les expériences furent peu nombreuses et dirigées par un sentiment de crainte qui en paralysa les résultats, de telle sorte qu'une invention précieuse, qui, de nos jours, devait prêter aux arts un si puissant appui, fut presque entièrement délaissée dès son origine, et ne parut avoir fixé l'attention universelle que pour un moment.

Quelques savans laborieux firent néanmoins de l'appareil de Papin l'objet de leurs méditations; ils recherchèrent les moyens de le modifier, et s'appliquèrent, autant qu'ils le purent, à prévenir les accidens que son usage pouvait faire appréhender; mais toujours dominés par la crainte, et reculant devant la terrible responsabilité qu'ils craignaient d'assumer sur eux, ils n'osèrent en recommander l'emploi, tout en reconnaissant les avantages qui en résulteraient pour nos usines, et l'essor prodigieux qu'en recevraient plusieurs branches de notre industrie.

Ce ne fut qu'après un long intervalle, et avec beaucoup d'hésitation, qu'on se décida enfin à faire quelques timides essais de la machine de Papin; mais ce fut avec de telles modifications qu'il n'en restait, on peut le dire, que le principe, les appareils étant absolument différens et ne présentant plus que d'imparfaits résultats. On se familiarisa insensiblement avec ces nouveaux appareils; on reconnut la possibilité de s'en servir sans danger en observant certaines précautions; on augmenta progressivement leur puissance, et on arriva à les appliquer avec succès à un grand nombre de machines.

Le digesteur de Papin ainsi défiguré et tout-à-fait détourné de son usage primitif, était entièrement négligé[61], quand M. le docteur Lemare, après plus d'un siècle, l'exhuma, pour ainsi dire, de l'oubli, par l'invention de son autoclave, de toutes les modifications du digesteur, celle qui conserve le plus de rapport avec lui, et dans la forme et dans les résultats.

Malheureusement trop préoccupé de l'utilité de son autoclave et des avantages infinis qu'on en devait attendre, M. le docteur Lemare ne réfléchit pas assez aux nombreux accidens qui pouvaient résulter de son application aux usages domestiques. En généralisant trop l'emploi de la marmite, en confiant le soin de la diriger à des cuisinières aussi négligentes que maladroites, et surtout en omettant de publier une instruction précise sur la manière de la gouverner, il commit une fatale imprudence qui eut bientôt les suites les plus déplorables.

Un accident affreux qui jeta la consternation dans Paris, la mort de l'infortuné Naldi, en glaçant chacun d'effroi, réveilla toutes les anciennes préventions contre le digesteur. Les personnes qui s'étaient munies d'autoclaves se hâtèrent de s'en défaire, et l'utile invention de M. Lemare fut frappée de l'anathème universel.

Cependant, si l'on peut accuser ce savant de quelque imprévoyance pour avoir négligé de publier une instruction que recommandait la prudence, il y aurait la plus grande injustice à considérer cet oubli comme la cause du malheur arrivé à M. Naldi, dont la précipitation seule causa la mort.

Quelque douloureux que soit pour nous le souvenir de cette effroyable catastrophe, nous croyons devoir en rapporter les détails, afin d'en prévenir le retour et de faire connaître en même temps les nouvelles précautions auxquelles elle a fait recourir.

Les premiers autoclaves qui parurent n'excédaient pas la capacité de quatre à douze litres, et étaient spécialement destinés au service domestique; leur forme était celle qu'ils ont encore aujourd'hui, seulement il existait dans la fermeture une imperfection que l'on a fait disparaître. La barre horizontale, qui tient la vis d'appel servant à fermer le couvercle de l'appareil, était simplement posée sur deux montans ou oreilles en fer, placés de chaque côté de la marmite, et entaillés de l'épaisseur de cette barre; de manière que dans le cas où, par l'adhérence de la soupape, le couvercle aurait sauté, cette barre, qui n'était aucunement retenue, devait sauter en même temps: c'est ce qui arriva dans la malheureuse circonstance que nous retraçons. Si dès-lors on eût, ainsi qu'on le devait, prévu la possibilité de cet accident, et si l'on eût fixé la barre horizontale, ainsi qu'on le fait à présent, et comme nous l'indiquerons plus bas, M. Naldi n'eût probablement pas même été blessé.

Appréciant tout le mérite de la nouvelle découverte, il fut un des premiers à se procurer un autoclave: il s'en servit long-temps avec succès. Enthousiaste, comme tous les artistes, il préconisait partout son appareil, et exhortait toutes ses connaissances à s'en munir. Des amis auxquels il en avait particulièrement recommandé l'usage, lui témoignèrent le désir d'en faire l'essai. M. Naldi accepta cette proposition avec joie, s'engagea à faire transporter la marmite chez eux, et à faire lui-même le *pot-au-feu.*

On se rassembla au jour convenu: la réunion était nombreuse, la gaieté animait tous les convives, curieux de voir commencer une expérience dont personne ne prévoyait l'affreux résultat.

M. Naldi avait annoncé que son pot-au-feu serait cuit en 30 ou 40 minutes; mais il n'avait pas considéré que la disposition du foyer devait considérablement retarder son opération. Au lieu du fourneau économique dont il se servait habituellement chez lui, il était obligé d'employer le feu de la cheminée qui, n'échauffant la marmite que d'un seul côté, ne pouvait la pousser aussi promptement à l'ébullition. Ce contre-temps, qu'il eût dû prévoir, le contraria beaucoup, et il essaya vainement de le surmonter en augmentant l'intensité du feu; l'appareil mal chauffé résista à tous ses efforts. Quelques plaisanteries qui lui furent adressées le piquèrent au point de lui faire oublier toute prudence; et voulant absolument obtenir les résultats qu'il avait annoncés, il chargea la soupape de tous ses poids pour accélérer l'ébullition, et comme elle tardait encore à se manifester, par une inconcevable témérité il appuya fortement dessus avec une pince. Le calorique porté par ce surcroît de charge au plus haut degré d'expansion, déchira l'appareil, dont le couvercle sauta avec une horrible détonation, et fracassa la tête du trop imprudent Naldi.

Je n'avais pas été des moins empressés à me procurer un autoclave. Celui que j'avais acheté était de la plus grande capacité (de 12 litres). Les expériences auxquelles je l'employai réussirent si complètement, que je me hâtai d'en commander un second de 300 litres, qui fut établi avec le plus grand soin par l'ouvrier même de M. Lemare; c'était le premier qu'il eût fabriqué d'une aussi grande dimension; et tel était l'effroi que lui causait son propre ouvrage, qu'après l'avoir essayé à une pression de 15 livres, il me recommanda avec les plus vives instances de ne charger la soupape, pendant mes opérations, que de neuf livres de poids.

Je fis immédiatement l'essai de ce nouvel appareil sur des os dont je voulais extraire la gélatine, et je reconnus que la pression de 15 livres était insuffisante pour obtenir ce résultat. Je répétai plusieurs épreuves en augmentant progressivement la charge de la soupape jusqu'au poids de 22 livres, qui me donna le degré de pression nécessaire à l'entière extraction de la gélatine.

J'aurais dû prudemment m'en tenir à ce résultat, mais je dois confesser que je ne le fis pas: désirant purger radicalement les os de leur gélatine, j'employai jusqu'à 27 livres de poids. Cette trop grande surcharge fit contracter un degré d'amertume à la gélatine, ce qui me détermina à m'arrêter au poids de 22 livres, et à ne plus l'excéder.

Dans ces entrefaites, et pendant que je me familiarisais, dans le secret de mon laboratoire, avec mes nouveaux appareils, arriva le triste événement que je viens de rapporter. Mes amis justement effrayés me conjurèrent de renoncer à mes autoclaves; la terreur exagérait le danger au point, que des personnes d'un mérite distingué, partageant l'effroi général, allèrent même jusqu'à me dire que je pouvais avec mes chaudières faire sauter ma maison et tout mon quartier.

Sans partager entièrement l'inquiétude commune, je sentis le besoin d'obvier aux inconvéniens que présentait la fermeture de mes chaudières. Je fis fixer solidement la barre horizontale au moyen de deux crampons contrariés, qui furent substitués aux simples montans entaillés sur lesquels elle reposait.

Entièrement tranquillisé par cette précaution, je m'appliquai à donner la plus grande extension à mes opérations; dans ce dessein je fis construire deux nouvelles marmites de la contenance chacune de 400 litres, et dont voici la description:

Description d'un autoclave de la capacité de 400 litres. (Pl. 2, *fig.* 3).

Cette marmite *a* est fabriquée en cuivre rouge de deux lignes d'épaisseur, d'un planage soigné, assez ductile pour ne pas laisser appréhender de rupture ou de déchirement, et bien étamé. Sa profondeur est de 29 pouces, sur un diamètre de 31 pouces pris à la carre dans œuvre. Cette carre *d* (*fig.* 3) est arrondie et garnie de deux oreilles *ff* en fer élevées de 5 pouces, placées parallèlement et formant crochets contrariés. L'ouverture de la marmite est ovale, et porte 18 pouces 1/2 sur 17 pouces. Son couvercle *g* (*fig.* 4) a 20 pouces 1/2 sur 19 pouces; la portion de la circonférence de ce couvercle excédant celle de l'ouverture, est garnie d'un limbe ou cercle en fort carton *h*, de deux lignes d'épaisseur sur un pouce de large, servant à clore exactement l'ouverture, et à empêcher la déperdition du calorique.

Le couvercle est armé d'une soupape de sûreté, consistant dans une broche de cuivre *l* (*fig.* 5) de 7 lignes 1/2 de diamètre, longue de 6 à 7 pouces, et destinée à recevoir les poids *m*. L'extrémité de cette broche a la forme d'un cône renversé *n*, et sa partie inférieure a 7 lignes 1/2 de diamètre; c'est cette partie conique qui s'ajuste dans le boisseau *k* (*fig.* 4) pratiqué dans l'épaisseur du couvercle pour donner passage à l'excédant de la vapeur. La base de ce cône est terminée par une brochette en fer *o*, de la longueur de 3 pouces 1/2, destinée à maintenir la soupape dans la ligne perpendiculaire; il existe à cet effet, dans l'intérieur du couvercle, un petit crampon ou étrier en fer percé d'un trou dans lequel est fixée cette brochette. La solidité de la soupape est calculée pour supporter une pesanteur de 22 livres, dont on la charge progressivement dans l'opération, au moyen de six poids en plomb *m* percés à jour, que l'on enfile dans la broche supérieure.

Le couvercle de l'autoclave est garni d'un autre appareil destiné à le mouvoir et consistant dans une barre de fer *p* (*fig.* 3) placée horizontalement, et fortement retenue dans les deux crochets *ff* dont on a parlé. Cette barre sert à fixer la vis d'appel *r* à l'aide de laquelle se lève et se baisse le couvercle. Comme l'action de la vapeur tend continuellement à le soulever, on a, pour résister à cette action, donné plus de circonférence à ce couvercle qu'à l'ouverture qu'il est destiné à fermer, et on lui a affecté la forme ovale qui permet de l'enfoncer dans la marmite d'où on le fait remonter pour fermer, avec la vis d'appel.

Ce couvercle, qui est très-lourd, ne peut se lever qu'au moyen d'une corde *s* (*fig.* 2) attachée à la vis, et d'une poulie *t* fixée au plafond[62].

L'appareil, ainsi établi, est monté sur un fourneau économique, construit de manière que la flamme et la fumée qui tournent autour de la chaudière ne montent pas à plus de 4 pouces de la hausse; le surplus de la chaudière, moins 4 pouces qui s'élèvent au-dessus du niveau du fourneau, doit être entièrement engagé dans la maçonnerie.

La prudence ne m'a pas permis de placer des robinets de vidanges à mes chaudières; elles se vident à l'aide d'une pompe foulante et aspirante en fer-blanc, Pl. 3, *fig.* 2.

Manière de gouverner l'autoclave.

Les soins les plus importans et qui réclament toute la sollicitude du manipulateur se bornent à deux points: bien gouverner le feu pendant l'opération, et veiller attentivement à ce que la soupape *l*, Pl. 2, *fig.* 5, ne contracte aucune adhérence avec le boisseau *k*, *fig.* 4.

L'autoclave chargé, n'importe de quelle substance, puisque toutes se traitent de même, au degré de pression près, on place le feu dessous; pendant qu'il s'allume on ferme le couvercle; on augmente alors le feu que l'on pousse avec activité. Après environ trois quarts d'heure, l'ébullition se manifeste par une légère vapeur que laisse échapper le boisseau *k*, on y introduit aussitôt la soupape *l*, en observant que la brochette inférieure *o* entre bien dans le trou du crampon placé à l'intérieur du couvercle. On tourne fréquemment la soupape *l*; au moment où elle se soulève et laisse de nouveau s'échapper la vapeur on la charge d'un premier poids *m*, et on augmente le feu; on continue à tourner légèrement la soupape *l*; à mesure qu'elle se soulève on ajoute un second poids *m* et successivement jusqu'à un sixième qui est ordinairement le dernier. A l'instant où on le place, il faut diminuer le feu et toujours tourner la soupape jusqu'à ce que l'action de la vapeur la soulève chargée de tous les poids; le feu doit être aussitôt retiré de dessous l'appareil avec la plus grande célérité, et il ne doit rester que très-peu de braise dans un des coins du fourneau. Si après avoir bien fermé toutes les ouvertures du fourneau on voit encore sortir de la vapeur par la soupape, on ajoute un septième poids *m* aux précédents[63].

L'opération ainsi terminée, il faut attendre pour découvrir l'appareil que la chaleur soit diminuée de manière à pouvoir ôter les poids, ce qui n'a lieu qu'au bout d'environ quatre heures.

On décharge la soupape *l* de tous ses poids, que l'on retire les uns après les autres et à mesure que la vapeur cesse de sortir par le boisseau *k*; lorsqu'elle ne fait plus entendre aucun bruit, on enlève la soupape *l*, que l'on essuie bien ainsi que le boisseau *k*, et l'on découvre l'appareil de la manière suivante: on détourne la vis d'appel *r*, *fig.* 3, et l'on fait descendre le couvercle de 2 à 3 pouces dans l'intérieur de la chaudière; avec les deux mains on saisit les extrémités de la barre horizontale *p* que l'on dégage des deux crochets *ff* dans lesquels elle est fixée, on fait faire au couvercle un demi-tour et on l'enlève au moyen de la poulie. Il faut avoir soin que son extrémité, qui pendant cette manœuvre plonge dans la chaudière, ne touche pas à la préparation qu'elle contient pour ne pas fatiguer le limbe, ce qui arriverait s'il trempait dans le liquide. Après avoir enlevé le couvercle, dont on essuie le dessous, on le place à côté de l'autoclave, sur une planche destinée à le recevoir. Avec la pompe on décharge la chaudière; on la nettoie, et on la recharge de nouveau si le besoin l'exige.

On voit par ces détails combien la conduite de l'autoclave est facile et quel peu de danger il présente, cet appareil n'exigeant pendant la durée de l'opération que deux heures au plus d'une rigoureuse surveillance.

J'opère journellement avec trois autoclaves montés comme celui que je viens de décrire, et les résultats que j'en obtiens ne demandent pas plus de temps que si je n'en gouvernais qu'un seul, ce qui peut paraître étonnant; mais j'ai reconnu par ma longue pratique qu'une personne chargée de la direction de ces appareils, et ayant sous ses ordres le nombre d'ouvriers nécessaire pour le service accessoire, peut, rigoureusement, en conduire seule jusqu'à douze à la fois; pour cela il lui suffit d'avoir beaucoup d'activité et de sang-froid, d'être bien familiarisé avec les autoclaves, et de ne pas se laisser effrayer par le bruit; car celui qui est occasionné par le dégagement de la vapeur est quelquefois si fort, qu'il intimide les ouvriers les plus aguerris, lorsqu'il devrait au contraire les rassurer, puisqu'il indique que la soupape n'a contracté aucune adhérence.

Ce qu'on vient de lire est suffisant, je crois, pour l'intelligence de toutes les indications que je donne relativement aux différentes manipulations que je décris dans le cours de cet ouvrage. Sans doute l'article serait très-incomplet, si je m'étais proposé de traiter mon sujet sous le point de vue scientifique; mais je le répète, je n'ai jamais eu une aussi haute prétention. Peut-être ce peu de lignes servira-t-il plus à déraciner les vieux préjugés qui existent encore contre l'autoclave, que ne l'aurait pu faire une dissertation plus approfondie. C'est dans l'intérêt de l'industrie, et pour une classe plus laborieuse que savante, que j'écris; j'ai dû me borner à mettre sous ses yeux le résultat de mon expérience, dominé par la pensée qu'une description simple, mais exacte, de mes appareils et de mes procédés, serait plus utile à son instruction que tout le luxe des plus brillantes théories.

OBSERVATIONS.

1re. Le limbe ou cercle de fort carton, placé autour du couvercle de l'autoclave, est destiné à le fermer exactement, et doit être d'une seule pièce. Pour atteindre ce but important, j'ai fait faire des feuilles de carton de cartes de grandeur et d'épaisseur convenables, de la meilleure qualité, et j'ai coupé le limbe en pleine feuille avec un ciseau à froid.

2me. La bonne qualité du carton mérite l'attention du manipulateur, parce qu'avec un limbe de carton de pâte ordinaire ou de toute autre matière inférieure, on parviendrait difficilement à fermer exactement l'appareil, ce qui est le point le plus essentiel.

3me. Un bon cercle de carton, entretenu proprement et avec soin, peut servir tous les jours pendant plus de deux mois, tandis que tout autre peut à peine soutenir deux ou trois opérations.

4me. On ne saurait donc prendre trop de précautions pour se procurer le meilleur carton pour cet objet.

5me. Lorsque le limbe se fatiguait, je m'en apercevais, dans le cours de l'opération, par l'échappement de la vapeur qui avait lieu plus ou moins, par la fermeture du couvercle; alors je retirais le feu de l'appareil, et laissant refroidir jusqu'à ce que je puisse le découvrir, j'examinais le carton. Lorsque le défaut était peu considérable, j'y remédiais avec de la colle faite de farine et d'un peu d'eau. Si le limbe était trop mauvais, je le remplaçais par un autre.

6me. Lorsque j'eus commencé à me servir de l'autoclave, ces fuites de vapeur m'inquiétaient, surtout lorsqu'elles faisaient beaucoup de bruit; mais dès que j'en eus reconnu la cause, je fus rassuré.

7me. Après avoir opéré pendant sept à huit jours avec le second appareil de 400 litres que j'avais fait construire, je m'aperçus d'un léger défaut sur la carre. C'était une tache noire, longue d'un pouce, et de l'épaisseur d'un cheveu. Je ne m'inquiétai point de ce défaut, et je continuai à me servir de cet appareil. Il survint à ce point noir une petite cassure par laquelle il s'échappait un peu de vapeur; elle ne tarda pas à augmenter et à donner plus de fuite à la vapeur. Comme cette perte ne nuisait en rien à mon opération, et que j'obtenais toujours le degré de chaleur nécessaire, je continuai à me servir de l'appareil jusqu'à ce que cette cassure devint si considérable, qu'elle laissait échapper une grande quantité de vapeur. Je fis prévenir l'ouvrier qui m'avait fourni cet appareil avec garantie; il voulut remédier à ce défaut par une forte soudure. Deux jours après cette réparation, l'ouvrier crut la bien fermer en soudant dans l'intérieur, et en y appliquant un champignon d'étain. Il en fit autant à l'extérieur, mais il ne put parvenir par ce moyen à empêcher la fuite de la vapeur, et fut obligé de reprendre son appareil.

8me. Cet incident m'a confirmé la certitude que j'avais déja acquise, que toutes les fuites de vapeur d'un appareil en action, soit par la soupape, soit par la fermeture du couvercle, voire même par quelques défauts dans la marmite, ne pouvaient jamais occasionner l'explosion de l'autoclave. Ces fuites doivent, au contraire, rassurer le manipulateur, et l'engager à y porter remède dès qu'elles se font entendre.

9me. Quelques opérations lui suffiront pour diriger la manipulation de l'autoclave avec calme et assurance.

10me. De tout ce qui précède, il est évident que l'adhérence de la soupape avec le boisseau, si on négligeait de la tourner de temps à autre, pourrait occasionner un déchirement dans l'appareil. L'attention du manipulateur doit donc se porter entièrement sur ce seul point, afin d'éviter les accidens.

Les résultats que l'on obtient par l'autoclave, sont identiquement les mêmes que ceux obtenus par le célèbre Papin avec le digesteur inventé par lui en 1681.

La construction du digesteur était bien plus compliquée, et les moyens de s'en servir et de le conduire étaient bien moins simples. On peut s'en convaincre en lisant la description insérée dans l'ouvrage intitulé: *Manière d'amollir les os et de faire cuire toutes sortes de viandes*, etc.

En 1759, la société des belles-lettres, sciences, etc., de Clermont-Ferrand, sur la proposition d'un de ses membres, qui était en même temps secrétaire-général de cette société, fit usage du digesteur de Papin, pour procurer du bouillon d'os aux pauvres. Le mémoire présenté à cette société sur l'emploi économique du digesteur de Papin, a été imprimé, et l'auteur, après avoir fait l'éloge des résultats avantageux qu'il obtint, dit:

«Cependant, si on considère que la machine de Papin, dans son premier état, et au temps même où les savans ont écrit, paraissait devoir être sujette à des explosions comparables à l'éclat des bombes, sans qu'on eût dans la pratique d'autre règle pour juger du degré de chaleur, par-delà lequel l'explosion pouvait avoir lieu, que la prompte évaporation d'une goutte d'eau jetée sur le couvercle de la marmite, on comprendra aisément pourquoi cette machine, malgré son utilité, avait demeuré jusqu'alors sans usage.»

L'auteur de ce mémoire a beaucoup simplifié l'appareil de Papin, et sans faire usage de la goutte d'eau jetée sur le couvercle, évaporée en plus ou moins de secondes, le plus ou moins de charbon employé sous le digesteur, lui servait de régulateur pour connaître le degré de chaleur nécessaire à ses opérations. Ce dernier moyen, quoique plus rassurant que l'évaporation de la goutte d'eau, était encore loin de donner toute sécurité au manipulateur.

Malgré les inconvéniens de cette dernière manière d'opérer, on voit, à la lecture du mémoire, que cet appareil a été employé avec succès à Rouen et à Clermont-Ferrand, pour procurer des bouillons d'os aux pauvres.

En résumé:

Pour opérer avec parfaite sécurité, on doit se procurer, 1° des autoclaves de cuivre rouge ductile, d'un planage soigné, bien étamés dans l'intérieur, ainsi que leurs couvercles, et confectionnés dans toutes leurs parties avec précision; 2° le meilleur carton de cartes pour les limbes qui seront coupés d'un seul morceau assez juste pour opérer la parfaite fermeture de la marmite dans l'intérieur; 3° de bons fourneaux économiques, garnis de registres pour régulariser l'action du feu et l'éteindre à volonté. L'appareil ainsi disposé, en y joignant le soin et l'attention que nous avons déjà recommandés, surtout à l'égard de la soupape, on pourra opérer avec assurance et confiance.

CHAPITRE IX.

De l'extraction de la gélatine des os par le moyen de la chaudière à compression ou autoclave, sans emploi d'acide muriatique.

La fabrication de la gélatine, par mon procédé, comprend deux opérations distinctes: celle relative à la confection des tablettes de jus de viandes et légumes, par laquelle s'utilise la chair des *canards* ou *têtes de bœuf* que j'emploie frais au sortir de l'abattoir; et celle de la gélatine proprement dite, extraite de ces mêmes *canards*, lorsqu'ils sont entièrement décharnés.

TABLETTES DE JUS DE VIANDES ET LÉGUMES.

Après m'être assuré d'une livraison de trois mille canards par mois, qui me sont envoyés au fur et à mesure de mes besoins, et les jours mêmes où les bœufs sont abattus[64], j'opère de la manière suivante.

Je fais mettre ces canards dans des auges en pierre et dans de grands baquets pleins d'eau, pour les y faire dégorger jusqu'au lendemain matin. Après les avoir bien frottés, brossés et nettoyés intérieurement et extérieurement, on les retire de cette première eau et on les laisse égoutter un moment. Durant cet intervalle, on lave les auges et baquets pour y replonger les têtes une seconde fois dans une quantité d'eau suffisante pour qu'elles puissent complètement baigner. Le soir on les fait égoutter encore après les avoir plongées à plusieurs reprises l'une après l'autre. On lave de nouveau les auges, on en renouvelle l'eau pour y faire tremper les têtes pendant toute la nuit.

Le lendemain on recommence la même opération avant de les remettre dans une dernière eau, qui doit être très-propre. Environ deux heures après, on retire de ce bain, pour les faire blanchir, une certaine quantité de têtes qu'on a toujours soin de plonger et d'égoutter; on les jette dans une chaudière contenant assez d'eau pour les baigner; cette chaudière couverte, on met le feu dessous et on la pousse à l'ébullition. Alors on modifie le feu en fermant toutes les ouvertures du fourneau, et on laisse les canards *mitonner* au petit bouillon, jusqu'à ce que les palais et les viandes s'en détachent assez facilement pour permettre de les décharner.

Lorsqu'ils sont parvenus à ce point, on les retire l'un après l'autre de l'appareil, après avoir, au préalable, dégraissé l'eau de la cuisson. On les met égoutter dans un baquet percé, et on les décharne ensuite en commençant par les palais qu'on jette dans de l'eau fraîche; le surplus des viandes est mis d'un côté, et les os décharnés de l'autre.

Pendant que ces premiers canards blanchissent sur le feu, on en fait égoutter une égale quantité pour les remplacer dans la chaudière, et on continue ainsi l'opération sans changer l'eau, en observant seulement de la bien dégraisser après chaque cuisson. De cette manière on peut décharner dans un seul jour au moins deux cents canards que l'on entasse dans un magasin bien sec et bien aéré, jusqu'au moment d'en extraire la gélatine.

Ces opérations préparatoires demandent beaucoup de précision et de célérité, surtout dans les chaleurs; elles doivent être terminées au plus tard le troisième jour de l'arrivée des têtes de bœufs à la fabrique.

Les canards décharnés, les os mis en magasin, je m'occupe de l'emploi des chairs. Je commence par les palais qui ont été jetés dans une eau fraîche renouvelée plusieurs fois pendant le cours des opérations que je viens de décrire. J'en prépare pour *conserver* une portion accommodée de diverses manières, j'en livre au commerce une autre beaucoup plus considérable à raison de 10 francs le 100, et j'ajoute ce qui me reste à la masse de viande provenant des canards que je soumets à l'autoclave pour en extraire le jus.

A cet effet je charge l'appareil, aux trois quarts seulement, de ces viandes baignant dans l'eau; je le couvre bien et je pousse la chaleur à 180 degrés. (Voyez l'article *Autoclaves*, page 193).

Quand la chaudière est assez refroidie pour qu'on puisse décharger la soupape sans laisser échapper de vapeur, je la découvre, et, avec la pompe aspirante, j'en décante le jus dans une chaudière de décharge.

Les viandes cuites et retirées de l'appareil sont soumises à la presse par laquelle on obtient la portion de jus qu'elles retiennent encore, et qu'on mêle avec la première.

Pendant ces préparations, on a formé un assortiment de tous les légumes nécessaires à un bon pot-au-feu: on les a réunis dans un filet fait exprès, afin d'en rendre l'extraction plus facile; on les ajoute au jus de viande, et on les fait cuire ensemble, et à vase clos, du soir au lendemain matin: alors on retire les légumes que l'on soumet à leur tour à la presse afin d'en obtenir tout le jus possible.

Lorsque la mixtion des jus de viande et de légumes est entièrement opérée, on procède à la clarification.

Pour clarifier trois cents litres, on emploie douze œufs (blancs et jaunes), que l'on fouette bien, et auxquels on ajoute peu à peu un litre d'eau fraîche, ensuite un litre de jus, et alternativement encore un litre d'eau et un de jus, le tout bien fouetté. On verse doucement ce mélange dans la mixtion, qui doit être bien chaude et qu'on remue avec une spatule. Le feu, pendant ce temps, est poussé d'abord avec modération et progressivement jusqu'à l'ébullition. Au premier bouillon, l'écume commence à monter, on arrose alors d'un litre d'eau fraîche, et quand l'ébullition reprend, on arrose une seconde fois et l'on continue d'enlever l'écume jusqu'à ce qu'elle blanchisse. Aussitôt on retire le feu, on couvre la chaudière pour laisser précipiter ce qui n'a pas monté, et on laisse le tout passer la nuit dans cet état.

Le lendemain on décante, en plaçant sous le robinet de vidange un tamis garni d'une étamine; ce tamis est posé sur un couloir destiné à recevoir le jus. Lorsqu'il cesse de venir par le robinet, on découvre la chaudière, et avec un poêlon on enlève légèrement tout ce qu'on peut obtenir de bien clair. Les résidus sont ensuite retirés du fond de la chaudière, passés à la chausse et ajoutés à la masse pour être avec elle soumis à l'appareil évaporateur, Pl. 4, *fig.* 1[65].

Dès qu'un couloir est rempli, on va le décharger dans le grand réservoir A; quand il est plein, on baisse le flotteur *b*, et le liquide tombe dans le petit seau B. Celui-ci étant rempli à son tour, on ouvre la vidange *f*, et on n'en laisse échapper que ce qu'il faut pour couvrir les trois surfaces de l'évaporateur à une hauteur de deux lignes.

L'appareil ainsi couvert, on chauffe vigoureusement le fourneau, on ouvre toutes les vidanges, afin que le liquide puisse se répandre, sans interruption, du grand réservoir au petit seau, et de là successivement sur les trois surfaces, parcourant ainsi une longueur de 76 pieds, terme auquel il a déjà acquis une consistance de 6 degrés.

Pour faciliter la circulation du liquide à travers les lames qui couvrent les surfaces, on se sert de spatules et de mains en fer-blanc, avec lesquelles on le pousse légèrement vers la partie inférieure de l'appareil, d'où il sort par une vidange *k*, et se décharge dans un vase placé dessous pour le recevoir[66]. Au moyen d'un robinet dont ce vase est garni, le liquide est recueilli dans des seaux, et reporté au grand réservoir A pour repasser de nouveau à l'évaporateur, opération qui se répète jusqu'à ce que la mixtion couvrant la dernière surface, ait atteint une consistance de 22 degrés à l'aréomètre. Alors on retire le feu du fourneau et on continue à remonter la matière au réservoir jusqu'à ce qu'elle soit en totalité parvenue au même degré. Quand elle est à ce point, on vide entièrement le réservoir A, et le petit seau B. On laisse emplir jusqu'au bord la dernière surface, et successivement la seconde, si l'abondance du liquide le permet.

Le fourneau conservant encore assez de chaleur pour continuer l'évaporation, la portion de matière couvrant la dernière surface atteint bientôt 23 ou 24 degrés. On commence à la décanter de la manière qui vient d'être dite, et en même temps on ouvre la vidange *g* de la seconde surface, dont le liquide vient remplacer celui qui s'écoule de la dernière, et acquérir le même degré de consistance.

Ce produit ainsi élaboré est recueilli dans des boîtes de fer-blanc de la contenance de 12 à 15 livres, et conservé ainsi jusqu'au moment de le couler en tablettes.

Afin de toujours tenir le grand réservoir A plein, et pour compenser ce qui peut être perdu de liquide par l'évaporation, on tient en réserve une certaine quantité de matière tirée de la chaudière et destinée au remplissage.

Lorsqu'on veut suspendre l'opération pendant quelque temps, jusqu'au lendemain par exemple, comme les réservoirs et surfaces de l'appareil sont empâtés de matière épaissie, qui brûlerait et donnerait un mauvais goût à la substance, si on n'avait soin de bien nettoyer avant de passer à une nouvelle opération, voici comment on procède: après avoir fermé toutes les vidanges *g*, on remplit le grand réservoir A d'une partie du liquide tiré de la chaudière, qu'on fait couler et s'étendre sur toute la hauteur des surfaces; on plonge dans ce liquide les spatules, les mains de fer-blanc, même les couloirs imprégnés de matière épaissie, et on laisse le tout passer ainsi la nuit; dans cet intervalle, les parties durcies se fondent et s'unissent au liquide, de sorte que le lendemain, quand le fourneau est rallumé et la matière portée à la consistance de 6 degrés, on peut la décanter sans obstacle, et la remonter au réservoir de la manière indiquée.

Quand l'opération est entièrement consommée, et que tout le liquide clarifié a subi l'évaporation, on recouvre l'appareil de la même manière, mais simplement avec de l'eau fraîche; on chauffe le fourneau; lorsque la partie gélatineuse est unie à l'eau, on la décante, et l'on essuie bien l'appareil et tous les ustensiles qui ont servi à la manipulation.

La très-faible décoction que ce bain de l'appareil a donnée est recueillie dans des seaux et soumise, dans une chaudière, à l'action du feu jusqu'à ce qu'elle soit suffisamment rapprochée pour devenir susceptible d'être conservée jusqu'à une prochaine opération.

La totalité du jus étant parvenue à la consistance de 24 degrés, est coulée en tablettes dans des moules de fer-blanc destinés à cet usage[67], et portant 12 pouces de long sur 8 de large, et 1 de bord. Le fond de ces moules est divisé en dix parties égales par autant de lignes formant les tablettes. Lors du coulage, on le graisse avec un peu d'huile d'olive pour empêcher la matière de s'y attacher en séchant.

Lorsqu'elle est bien prise et refroidie, avec un couteau on la lève d'une seule pièce, et on la pose sur des châssis en bois garnis de canevas, en prenant bien soin de renverser la feuille de manière que les divisions imprimées par le fond du moule ne soient pas effacées par le contact du canevas.

On laisse la matière ainsi disposée se ressuyer pendant quelque temps, souvent jusqu'au lendemain, quand la température l'exige. Ensuite avec le couteau, et en suivant les divisions marquées, on la coupe en dix morceaux ou tablettes. Les tablettes coupées, on les étend sur d'autres châssis pareils aux premiers, en les espaçant de manière qu'elles ne se touchent point. On pose ces châssis sur des chevalets, et on laisse la matière continuer à se ressuyer encore pendant deux jours; le troisième on la porte dans l'étuve chauffée de 15 à 18 degrés du thermomètre de Réaumur, où on la laisse jusqu'à son entière dessiccation.

Cette dernière opération terminée, on met les tablettes dans des caisses placées dans un lieu sec et bien aéré, où elles sont emmagasinées jusqu'à la vente.

Célérité et propreté, voilà les deux conditions indispensables dans les opérations que je viens de décrire; l'une assure le bénéfice du fabricant, l'autre la sécurité du consommateur.

Je n'ai pas dissimulé la nature des viandes dont je me sers pour la confection des tablettes; elles proviennent toutes de la tête du bœuf, morceau peu délicat, il est vrai, et réputé de *basse boucherie*; mais salubre, et employé pour tirer des jus dans les meilleures cuisines. D'ailleurs les gens du métier savent tous qu'il est telle partie de la tête du bœuf qui, bien parée, fournit d'excellens beefstaeks que l'on mange avec beaucoup de plaisir, et sans s'enquérir de leur certificat d'origine. Je le répète, les soins et la propreté font tout; et j'ose espérer que telle personne qui aurait éprouvé de la répugnance à faire usage de mes tablettes avant d'en connaître la composition et la manipulation, n'hésitera plus à en adopter l'usage, après avoir lu l'analyse que j'en viens de donner.

GÉLATINE D'OS SANS ACIDE.

Le mérite de la gélatine, pour la parfaite clarification des vins et de tous autres liquides, est généralement reconnu et apprécié, non seulement par les savans distingués qui en ont fait l'analyse, mais par tous les propriétaires et négocians en vins qui en ont adopté l'emploi. De nombreuses expériences qui se répètent chaque jour en démontrent évidemment la supériorité sur tous les ingrédiens employés communément à cet usage.

Il n'est aucune découverte utile qui n'ait été dans son origine l'objet de critiques plus ou moins vives, plus ou moins fondées. Celle de la gélatine, comme on le pense bien, n'en a pas été plus exempte qu'une autre; mais le temps et l'expérience ont imposé silence à ses détracteurs, et fait abandonner les vieilles routines. Aujourd'hui on peut affirmer qu'aucune des personnes qui ont adopté l'usage de cette colle ne reviendra aux anciens procédés, moins sûrs dans leurs résultats, et beaucoup plus dispendieux dans leur application.

Outre son utilité, considérée comme *colle à vins*, la gélatine présente encore beaucoup d'autres avantages à l'économie domestique; elle sert aux chefs d'offices, aux restaurateurs, aux glaciers et aux cuisiniers, pour les gelées et entremets. On l'applique avec succès à la fabrication du biscuit de mer, à l'apprêt des étoffes et des chapeaux; enfin la médecine elle-même ne dédaigne pas d'en recommander l'usage pour la composition des bains oléagineux[68].

En traitant dans le paragraphe précédent de la confection des tablettes de jus de viande et de légumes, j'ai indiqué la manière d'utiliser les chairs provenant des canards ou têtes de bœufs: il ne me reste plus que peu de chose à dire relativement à l'emploi des os décharnés et à la façon d'en extraire la gélatine.

Ainsi qu'on l'a vu plus haut, à mesure que les têtes sont décharnées, on les place dans un magasin bien aéré pour s'en servir au besoin. Quand ce moment est arrivé, on commence par les briser, ce qui se fait sur un billot avec une forte mailloche cerclée en fer et garnie de têtes de gros clous. Lorsque les os sont suffisamment brisés, on en met environ deux cents livres dans un autoclave avec assez d'eau pour qu'ils y puissent baigner[69], mais toujours en observant de ne charger l'appareil qu'aux trois quarts.

La chaudière ainsi chargée et fermée de son couvercle, on allume le feu dessous, et l'opération se continue de la manière indiquée (page193); seulement, lors de l'ouverture de l'autoclave, on dégraisse le liquide, que l'on transvase ensuite, à l'aide de la pompe, dans une chaudière de décharge sur laquelle on a placé un tamis pour retenir les parties hétérogènes qu'il pourrait entraîner. On retire aussi de l'autoclave les os que l'on fait bien égoutter afin de recueillir tout le bouillon.

On allume alors le feu sous la chaudière de décharge, et l'on procède à la clarification de la manière suivante: Pour clarifier environ 300 litres de liquide, on fait une eau blanche en cassant six œufs (jaunes et blancs), que l'on bat bien, et qu'on mêle dans six litres d'eau de puits très-fraîche. Quand le liquide est parvenu à l'ébullition, et qu'il a été écumé une première fois, on arrose la surface avec un litre de cette eau blanche, on enlève une seconde fois l'écume qui remonte, et successivement l'on continue d'arroser et d'écumer jusqu'à ce que toute l'eau blanche soit employée. On couvre ensuite la chaudière, on retire le feu et on laisse le liquide reposer pendant deux heures, après quoi on décante, par la vidange, tout ce qui peut y passer, le reste s'enlève avec un poêlon, et le tout est passé à la chausse. Le liquide ainsi clarifié est soumis à l'appareil évaporateur.

Le reste de la manipulation jusqu'à la mise en moule est exactement la même pour la gélatine que pour les tablettes de jus de viandes, sauf cependant la différence du degré de consistance; celle de la gélatine, après l'évaporation, ne devant être portée qu'à 22 degrés au lieu de 24, auxquels on porte celle des tablettes.

CHAPITRE X.

Extraction de l'huile de pied de bœuf.

Le procédé que je venais d'inventer pour extraire la gélatine d'os par le moyen de l'autoclave, devait naturellement m'amener à opérer sur les pieds de bœufs; cet objet, d'après la grande extension dont je voyais mon invention susceptible, pouvant m'offrir d'immenses avantages; car, outre l'excellente gélatine que le pied contient, je me proposais, par l'application du même principe, d'en extraire une huile beaucoup plus fine, beaucoup mieux dépurée, et surtout bien moins chère que celle du commerce[70].

Je ne fus pas entièrement déçu dans mes espérances, et j'eus, pendant un an que je consacrai à ce genre de manipulation, d'assez heureux résultats quant à la parfaite qualité de l'huile que j'obtins; mais la gélatine, quoique très-bonne aussi, ne m'offrait pas tous les avantages que j'en attendais. Les frais considérables que son extraction m'occasionna à cause de la dureté des os que j'étais obligé de soumettre deux fois à l'autoclave pour arriver à les purger entièrement du suc gélatineux, me firent renoncer à ce genre de travail, que d'autres occupations, d'un ordre supérieur, ne me permettaient pas d'ailleurs de suivre avec tous les soins qu'il réclamait. Cependant, comme l'huile de pied de bœuf, extraite par la pression a une très-grande supériorité sur celle de nos fabriques, il est convenable que je décrive tous les procédés à l'aide desquels je suis parvenu à l'obtenir.

MANIPULATION.

Il en est des pieds de bœufs comme des têtes, on se les procure à l'abattoir; ils doivent être frais et provenir des bœufs que l'on vient d'abattre.

Dès qu'ils sont apportés à la fabrique, on les jette dans des cuviers pleins d'eau pour les faire dégorger jusqu'au lendemain matin; après les avoir bien lavés, brossés et fait égoutter, on les jette dans une seconde eau, qui doit être très-propre; le soir on les change d'eau, et le lendemain on les en retire encore pour les jeter dans une quatrième après les avoir préalablement lavés et brossés de nouveau. Ce dernier bain ne dure que deux heures; on retire alors les pieds, on les fait égoutter et on les range dans une chaudière, où il n'y a d'eau que la quantité nécessaire pour couvrir l'ergot sur lequel ils sont dressés; un plus grand volume d'eau aurait l'inconvénient de faire échapper l'huile qu'il n'est pas encore temps d'attaquer dans cette première opération qui n'a pour objet que de désergoter les pieds.

Les choses ainsi préparées, on allume le feu sous la chaudière, et le liquide est porté à une chaleur de soixante à soixante-dix degrés environ: alors, avec un crochet de fer destiné à cet usage, on essaie de détacher l'ergot;

lorsqu'il cède facilement, on retire le feu de dessous l'appareil, et on procède à désergoter tous les pieds que l'on jette à mesure dans une cuve d'eau fraîche.

Quand tous les pieds ont subi cette préparation, et qu'on les a fait égoutter, on les range dans l'autoclave, et on les couvre de trois pouces d'eau, en observant toujours la règle de ne charger l'appareil qu'aux trois quarts de sa capacité; on pose le couvercle, on allume le feu et l'opération se continue au même degré de chaleur, et en tout de la même manière que pour l'extraction de la gélatine.

Le feu retiré et la soupape chargée de tous ses poids, on laisse refroidir pendant quatre à cinq heures, avant d'ouvrir l'appareil. Alors l'huile et la graisse sont parfaitement extraites des pieds; mais comme cette dernière est beaucoup plus pesante, il faut attendre au moins une heure après l'ouverture de l'appareil que le départ soit effectué.

Quand la matière est bien reposée, avec un poêlon plat, on décante légèrement les trois quarts à peu près de la couche d'huile qui la recouvre, et que l'on verse dans des vases de fer-blanc; pour le surplus, qui ne contient que très-peu d'huile mêlée à la graisse, on le décante jusqu'à fleur d'eau, et on le laisse reposer séparément pendant quelques jours pour donner à la graisse le temps de se précipiter entièrement; le départ effectué, on ajoute la quantité d'huile qui en provient à celle déja recueillie, et on met le tout en barils.

On voit combien est simple le procédé que j'emploie pour extraire cette huile; mais il faut bien prendre garde que ce n'est qu'en observant, dans la manipulation, tous les détails que je viens de donner, qu'on peut espérer de l'obtenir parfaitement dépurée, exempte de goût, d'odeur, et propre à remplacer l'huile d'olive dans les usages culinaires; mais en négligeant mes indications et en s'affranchissant des soins d'une propreté minutieuse, on ne doit pas attendre de pareils résultats.

Manière d'extraire la gélatine du pied de bœuf.

Comme l'opération sur le pied de bœuf a le double résultat d'en extraire l'huile et la gélatine, je dois indiquer comment se traite cette dernière substance, la manipulation n'étant pas absolument la même pour la gélatine provenant des pieds de bœufs, que pour celle provenant des têtes.

Après avoir décanté de l'autoclave, ainsi que je viens de le dire, l'huile et la graisse, on retire, à l'aide de la pompe, l'eau saturée de gélatine, pour la soumettre à l'évaporation, les os sont aussi retirés, mais ils retiennent encore, à cause de leur forte épaisseur, près des deux tiers de leur gélatine, que l'application d'une chaleur portée à trois atmosphères n'a pu atteindre. Pour parvenir à les purger entièrement, on les écrase d'abord avec la mailloche, ce qui est très-facile, la première cuisson les ayant considérablement amollis; on les replace ainsi pulvérisés dans la chaudière où on les recouvre de six pouces d'eau. Du reste et à cela près de la macération des os et de la double cuisson, l'opération est absolument semblable à celle pratiquée pour l'extraction de la gélatine des canards ou têtes de bœufs.

Il est évident que dans une entreprise où se traiterait en grand, par mon procédé, la fabrication de la gélatine, la fonte des suifs et l'extraction de l'huile de pied de bœuf, cette dernière branche, par sa connexité avec les deux autres, offrirait d'immenses bénéfices.

CHAPITRE XI.

De la fonte des suifs[71].

L'heureuse application de la chimie aux arts, en ouvrant de nouvelles routes à l'industrie, tend à nous affranchir enfin du joug des vieilles routines; mais tel est encore l'empire des préjugés et de l'habitude qu'au milieu de l'essor général, beaucoup de nos produits restent stationnaires et sont toujours traités avec la même insouciance et la même incurie que par le passé. La fonte des suifs en offre un exemple frappant, aucun effort jusqu'ici n'a été tenté pour remédier aux nombreux inconvéniens qu'elle présente; au contraire, par des motifs qu'il ne nous appartient pas de juger, les fabricants se sont obstinés à repousser toutes les améliorations que d'habiles chimistes voulaient introduire dans leurs procédés.

C'est encore aujourd'hui comme autrefois, dans d'énormes chaudières qu'ils entassent jusqu'à huit milliers de suif à la fois, la plupart du temps si vieux et si rance que l'odeur infecte qu'il exhale est nuisible à la santé, ce qui rend le voisinage des fonderies aussi dangereux sous le rapport de la salubrité que sous celui de la sûreté, qui est sans cesse compromise par les fréquens incendies auxquels ces établissemens sont exposés.

Ce dernier accident se manifesta, il y a quelques années, dans la fonderie de l'abattoir de la barrière de Fontainebleau, et fixa sérieusement l'attention de l'autorité. M. le comte de Chabrol, préfet de la Seine, assembla les maîtres bouchers de Paris: après leur avoir reproché une insouciance condamnable, il leur enjoignit de rechercher des moyens de fabrication plus conformes à la salubrité et à la sûreté publique; la sollicitude de ce magistrat alla même jusqu'à leur désigner le savant M. Darcet comme la personne la plus capable par ses lumières de les diriger dans leurs recherches. Tant de soins furent inutiles: il arriva dans cette circonstance ce qui malheureusement arrive presque toujours, les intentions de M. le préfet furent éludées, on ne suivit pas les avis de M. Darcet, et les choses restèrent sur l'ancien pied.

J'étais occupé alors à conserver une grande quantité de viande pour le service de la marine royale. Le boucher qui me fournissait des bœufs était membre du bureau des bouchers; il m'apprit les intentions du préfet, ce qui me fit concevoir aussitôt la pensée d'essayer à cette occasion quelques expériences avec mon autoclave; voici comment j'opérai.

Je commençai par découper dix livres de suif en branche, en très-petits morceaux: après les avoir épluchés, lavés plusieurs fois, laissé dégorger vingt-quatre heures et égoutter ensuite, je les mis avec trois litres d'eau dans un petit autoclave de la capacité de douze litres. Je plaçai mon appareil sur le feu, après en avoir bien fermé le couvercle et posé la soupape, que je chargeai graduellement des poids nécessaires à une pression de cent quatre-vingts degrés de chaleur.

Après avoir retiré le feu et laissé refroidir, comme de coutume, jusqu'à ce que les poids et la soupape se puissent ôter sans produire de vapeur, je découvris l'autoclave; je laissai reposer, une bonne heure, le suif qui était parfaitement fondu, je l'enlevai de dessus l'eau, et j'en fis un petit pain. Cette première opération terminée, je versai le fond de la chaudière dans une terrine, afin de laisser remonter le peu de suif qu'il contenait encore.

Le tout refroidi et bien pris, j'ai pesé les résidus, et j'ai reconnu que les dix livres de suif n'avaient éprouvé qu'un déchet de treize pour cent, lequel étant soumis à la presse, ne présentait plus que de petites membranes et pellicules absolument purgées de graisse et de suc gélatineux.

Cette expérience, faite en présence de mon boucher, lui prouva que le déchet résultant de la fonte par mon procédé, n'était que de la moitié de celui qu'elle donne par les procédés ordinaires. Il reconnut en outre que mon suif était beaucoup mieux dépuré, plus blanc et plus sec que celui des autres fonderies. Étonné de pareils résultats, il m'exhorta à faire de nouveaux essais et à opérer sur de plus grandes quantités.

J'étais trop flatté moi-même de mon succès pour résister à ses sollicitations, et dès le soir je commençai cette seconde expérience. Cette fois, je mis deux cent soixante livres de suif dans l'autoclave; après l'avoir préparé de la manière que je viens d'indiquer plus haut, le feu retiré et le refroidissement opéré, je trouvai, en découvrant la chaudière, le suif bien fondu et parfaitement limpide. Je le fis enlever de dessus l'eau et placer dans des bachots. Je fis verser dans d'autres vases l'eau qui restait au fond de l'autoclave; après le refroidissement, je séparai le suif du marc que je soumis à la presse, comme dans la première opération: le résultat produisit un déchet de douze pour cent.

La beauté parfaite de ce suif me détermina à essayer de suite d'en fabriquer de la chandelle. Le maître boucher, qui suivait assidûment mes opérations, en confia la façon à son fondeur, qui était en même temps chandelier, et il lui recommanda de nous envoyer les premiers échantillons au sortir du moule. Ce dernier, aussi curieux que nous de connaître les résultats de l'expérience, brûla le soir même, et avec autant d'admiration que de surprise, une de ces chandelles à peine refroidies.

Le lendemain, en m'apportant le paquet d'échantillon, il me témoigna beaucoup de regret de n'avoir pas employé un coton plus beau et mieux assorti à la chandelle. Il était si loin, me dit-il, de s'attendre à ce qu'il voyait, qu'il n'avait pas cru nécessaire d'y apporter plus de soin.

Ces deux épreuves faites avec une minutieuse exactitude, m'ont clairement démontré la supériorité de ce nouveau procédé sur l'ancienne méthode.

1° Sous le rapport de la salubrité et de la sûreté, elle est incontestable[72];

2° Elle ne l'est pas moins sous celui de l'économie; le déchet étant de près de moitié moins considérable, et la chandelle provenant de cette fonte offrant, tous frais calculés, dix centimes par livre de bénéfice sur celle qu'on fabrique d'après l'ancienne manière;

3° Enfin sous le rapport de la célérité des opérations, elle est complète puisque la chandelle peut être coulée immédiatement après la fonte, et sans qu'on soit préalablement obligé de mettre le suif en pain et de le fondre une seconde fois pour le clarifier, ainsi que cela se pratique avant le coulage. Ce qui est encore bien à remarquer, c'est que la célérité du travail, loin de lui rien faire perdre de ses qualités, semble au contraire y ajouter, car indépendamment du mérite de ne pas couler et de durer une heure de plus que l'autre, cette chandelle a encore le précieux avantage de ne donner aucune odeur.

Mais pour bien apprécier tout le prix de mon procédé, il faut d'abord jeter un coup d'œil sur la manutention des fondeurs, considérer l'énorme et dispendieux matériel qu'elle exige, et en faire la comparaison avec mes opérations.

Les fondeurs emploient huit, dix et quelquefois quinze jours à amasser le suif en branche destiné à leur fonte. Ce suif échauffé, rempli de vers et exhalant une odeur infecte, est entassé, seulement mouillé d'un peu d'eau, dans une immense chaudière montée sur un fourneau. Cette chaudière peut contenir jusqu'à huit mille livres de suif.

La fonte s'effectue lentement, et se dispose au fur et à mesure dans d'autres chaudières plus petites.

Pendant la durée de l'opération, la couleur et même la qualité du suif s'altèrent considérablement. Vers la fin, les cretons deviennent d'un jaune foncé, et souvent le fond de la chaudière gratine et brûle tout à fait. Il arrive encore qu'en augmentant par trop l'intensité de la chaleur pour dissoudre complètement les cretons, on arrive jusqu'à *graisser* le suif et à perdre ainsi tout ce qui reste dans la chaudière.

Les fondeurs, par une économie très-mal entendue, et pour ne rien perdre, soumettent les cretons à l'action d'une forte presse et mêlent les derniers résidus qu'ils en expriment, dont la couleur est celle du café, à la masse de leur suif, et achèvent ainsi d'en détruire la qualité.

On comprend facilement que d'après un mode aussi vicieux on ne peut obtenir qu'un suif grossier, mal dépuré et incapable de faire de bonne chandelle; tandis qu'à l'aide du moyen très-simple que j'indique, en diminuant beaucoup les frais de fabrication, on obtient un suif pur, et par conséquent une chandelle excellente, d'une plus grande durée, exempte de l'inconvénient de couler et n'exhalant d'autre odeur que celle de la cire[73].

Une invention nouvelle n'a pas seulement à lutter contre les préjugés de la routine, elle a encore à vaincre la résistance des intérêts particuliers qu'elle est susceptible de froisser; j'en ai fait la rude épreuve dans cette circonstance comme dans beaucoup d'autres.

Les résultats satisfaisans de mes deux premières expériences me décidèrent à prendre un brevet d'invention. J'étais persuadé que désormais ma méthode serait la seule adoptée, et qu'aucun fabricant de chandelle ne voudrait employer d'autre suif que celui de ma fonte.

En attendant le moment de donner à ma nouvelle entreprise toute l'extension dont je la jugeais susceptible, je continuai d'opérer par mes procédés avec un entier succès. Je fondis encore, en quatre différentes fois, jusqu'à douze cents livres de suif en branche.

J'envoyai ma première fonte au chandelier qui avait fabriqué mes échantillons et leur avait donné tant d'éloges. Je ne crus pas utile d'assister à la manutention, et j'eus bientôt lieu de m'en repentir; car, peu de jours après, à l'ouverture d'un des paquets qu'il me rendit, je reconnus qu'il m'avait trompé, et que la chandelle ne provenait pas de ma fonte. Je le tançai vertement; comme de raison il nia le fait, cependant il me paya mon suif, et ainsi finit ce premier épisode; mais je n'étais pas au bout, et je ne savais pas encore jusqu'où peut aller la malice d'un chandelier!

Sur ces entrefaites, un négociant de mes amis à qui je racontai mon aventure, m'indiqua un autre chandelier, *parfait honnête homme*, auquel, m'assura-t-il, je pouvais m'adresser de confiance. Je me hâtai de lui envoyer deux cents livres de mon suif, et huit à dix jours après je reçus ma chandelle. Je me serais fait un cas de conscience d'ouvrir un paquet et de rien examiner, tant je comptais sur la bonne foi de ce parfait honnête homme! Néanmoins, au bout d'assez long-temps, voulant me servir de cette chandelle pour mon propre usage, je fus étrangement surpris de la trouver pire encore que l'autre....

De pareils commencemens n'avaient rien d'encourageant; quoi qu'il en soit, je ne laissai pas, tout en pestant, de continuer à livrer mon suif à plusieurs autres fabricants de chandelles, qui tous me servirent avec la même délicatesse.

J'avais peine à concevoir comment, après avoir obtenu une chandelle parfaitement bonne par mon procédé, il se faisait que je n'en puisse plus tirer que de très-commune, car j'étais loin de supposer les fabricants assez ennemis de leurs véritables intérêts pour amalgamer le suif pur que je leur livrais au suif grossier des abattoirs. Ce ne fut que par de nombreuses et nouvelles expériences que j'acquis la certitude d'une fraude qui altérait ainsi ma fonte sans améliorer en rien la leur.

Rebuté par tant de mauvaise foi, je pris le parti de couler moi-même ma chandelle; alors mes résultats redevinrent absolument semblables aux premiers que j'avais obtenus.

Ne voulant pas m'exposer à être trompé davantage, je cessai de livrer mon suif à la fabrication, et j'ajournai mes opérations jusqu'à un temps plus propice, et où je pourrais seul diriger mon entreprise dans toutes les parties de la fonte et de la fabrication de la chandelle.

Un enchaînement de circonstances a toujours éloigné ce moment, et maintenant il est probable que je ne m'occuperai plus de cet objet; mais, convaincu par mes essais de l'excellence du procédé que je viens d'indiquer, j'ai cru devoir le consigner ici, et même ajouter à ce qui précède tous les détails relatifs à la fonte par l'autoclave.

Manière d'opérer la fonte des suifs par la chaudière à compression ou autoclave.

Le choix des matières est le premier soin qui doit occuper le fabricant. Le suif en branche est préférable à toute autre espèce de graisse; il doit être sain et récent, qualités que je soutiens indispensables, et que les fondeurs paraissent ne compter pour rien. Ils sont dans la très-mauvaise habitude de faire leur tournée d'approvisionnement chez les bouchers tous les quatre ou huit jours. Le suif ainsi recueilli dans les étaux de Paris, et entassé sans soin depuis près d'une semaine, est déja dans un état de corruption qui en rend l'odeur insupportable; il faut pourtant, avant de le soumettre à la fonte, attendre que celui qu'on tire des campagnes soit rassemblé. Ce dernier, qui est âgé au moins de quinze jours, est dans une véritable putréfaction. Ce n'est qu'après avoir encombré leurs chaudières de six à huit milliers de ces matières dégoûtantes que les fondeurs commencent leurs opérations[74].

On conçoit facilement combien le suif obtenu par des procédés aussi défectueux doit être grossier, et combien il doit être inférieur à celui que je tire de matières fraîches, épluchées, lavées et traitées dans toutes les opérations préliminaires de la fonte avec des soins minutieux.

Pour l'application en grand de ma méthode, il faut combiner l'établissement des appareils en raison de la quantité de suif que l'on veut fondre par jour et celle de chandelle qu'on veut fabriquer; le coulage suivant immédiatement la fonte, le rapport entre les appareils relatifs à ces deux opérations doit être d'une rigoureuse exactitude.

En supposant par jour la fabrication d'un millier pesant de chandelle, il faut, pour obtenir ce résultat, établir sur leurs fourneaux trois autoclaves pouvant contenir chacun cinq cents litres.

Les fourneaux doivent être chauffés avec du bois de préférence à tout autre combustible. L'expérience m'a démontré que dans cette opération où l'application du calorique doit être faite avec la plus grande précision, le bois était le combustible le plus facile à conduire, et celui à l'aide duquel on pouvait le mieux augmenter ou diminuer l'intensité de la chaleur, selon l'exigence des cas. Le bois pelard est le plus convenable.

Ces appareils disposés, ainsi que les moules destinés au coulage, on procède de la manière suivante:

On prend douze cents livres pesant de suif en branche, le plus frais possible (de quatre à cinq jours en hiver et de deux seulement en été). Après l'avoir bien épluché et coupé en petits morceaux, comme je l'ai dit au commencement de cet article, on l'étend pour dégorger sur de grandes toiles placées à la superficie de baquets pleins d'eau, de manière qu'il ne puisse ni toucher à ces baquets, ni tomber dedans; on le brasse ensuite et on le change d'eau jusqu'à ce que celle-ci n'ait plus la moindre teinte; on le retire alors et on le laisse égoutter. Après cette première opération, on divise cette masse de suif en trois portions égales, dont on charge les autoclaves en y ajoutant une certaine quantité d'eau (environ trois seaux), de manière que les chaudières ne soient remplies qu'aux trois quarts, l'autre quart devant rester vide pour faciliter l'effervescence de la matière lors de l'ébullition et pour éviter la fuite qui s'opérerait par l'ouverture de la soupape, si on négligeait d'observer cette indispensable précaution. Après avoir chargé et fermé l'autoclave, on met le feu dessous, et l'opération se continue de la manière déja indiquée.

Il est important de bien régler l'ordre des opérations de la fonte, si l'on veut profiter de tous les avantages que présente ce procédé pour le coulage immédiat de la chandelle. Tout doit donc être disposé dès la veille, de façon que les autoclaves soient convenablement chargés le soir, à six heures, afin que l'opération puisse être terminée de sept heures et demie à huit heures. Alors on retire le feu et on laisse la fonte se continuer jusqu'au lendemain. C'est principalement dans cet intervalle que s'effectue la dépuration.

Le matin, l'on découvre l'appareil; le suif est alors parfaitement fondu et clarifié. Après avoir reconnu son degré de chaleur, on suspend le coulage; s'il est jugé trop chaud, l'on attend qu'il soit suffisamment refroidi pour le décanter de l'appareil, ce qui se fait au moyen d'un poêlon de fer-blanc évasé, avec lequel on le retire doucement de la chaudière pour le couler de suite en chandelles.

Par le décantage on ne peut retirer tout le suif: il en reste toujours une légère couche sur l'eau où sont précipitées les parties hétérogènes pendant la double opération de la fonte et de la dépuration. On ne pourrait recueillir cette couche qu'en enlevant avec elle une certaine quantité d'eau qui rendrait ce suif impropre au coulage; par cette raison on le verse à travers un tamis, dans un vase particulier, où on le laisse refroidir et prendre en pain pour l'employer dans une fonte ultérieure.

On passe ensuite l'eau et les résidus qui restent au fond de la chaudière; ces résidus, qui ne présentent plus que quelques parcelles de viande, de peaux et de nerfs qui ont résisté à l'autoclave, sont soumis à la presse afin d'en extraire le peu de suif qu'ils retiennent encore.

En résultat: le produit net d'un autoclave doit donner pour 400 livres de suif 340 à 345 livres de chandelle, le déchet étant seulement de 55 à 60 livres. Les trois opérations donneront donc 1,020 livres de chandelle par jour; en suivant et en disposant la même opération pour chaque jour, on fabriquera par mois de vingt-six jours 26,500 livres de chandelle supérieure à celle du commerce, et offrant sur elle un bénéfice de dix pour cent.

Le matériel nécessaire à la fabrication, particulièrement en ce qui concerne la fonte, n'exige pas une avance de fonds considérable; les trois autoclaves montés sur leurs fourneaux économiques ne coûtent pas ensemble plus de 3,600 francs; les autres ustensiles accessoires, tels que baquets, toiles, etc., méritent à peine d'être portés en compte.

Le chauffage des appareils n'est pas d'une grande dépense. Dans les commencemens, lorsque la construction des fourneaux est nouvelle et qu'ils sont encore humides, chaque foyer peut consumer pour 3 francs à 3 francs 50 cent. de bois; mais dès que la maçonnerie est sèche et que la continuité du chauffage est entretenue, ces trois foyers ensemble n'exigent pas pour la fonte de 1,200 livres de suif plus de 4 à 5 francs de combustible par jour.

Sans rien ajouter au matériel, on peut doubler les résultats et obtenir 2,040 livres de chandelle en réglant l'ordre des opérations convenablement.

Par exemple, lorsque les matières premières sont préparées et les moules à chandelles disposés d'avance, si on charge les autoclaves à six heures du soir, ils pourront être décantés le lendemain de six à sept heures du matin. Alors les appareils seront vidés, nettoyés et rechargés, le feu rallumé dessous et l'opération continuée. Sur les neuf ou dix heures, on éteindra le feu, on laissera refroidir jusqu'à trois ou quatre heures. A cinq heures au plus tard on décantera cette seconde fonte dans les chaudières de décharge pour opérer le refroidissement de la matière au degré nécessaire au coulage. On rechargera de nouveau les appareils pour une troisième fonte, on rallumera le feu, etc., etc. De huit à neuf heures du soir, les feux seront éteints de nouveau et les appareils laissés au repos jusqu'au lendemain six heures.

Il reste, comme on le voit, de fort longs intervalles pendant lesquels la fonte s'opère seule et sans exiger aucun soin. Ce temps est employé aux opérations du coulage et à la préparation des matières destinées aux fontes ultérieures.

Les moyens que je viens d'indiquer pour obtenir un suif supérieur à celui des fontes ordinaires sont connus et pratiqués en partie, depuis quelques années, par plusieurs fabricants dont les produits sont justement appréciés dans le commerce; mais les frais énormes que leur occasionne le choix des matières premières, et surtout le mode dispendieux qu'ils observent dans leurs fontes les obligent à vendre leur chandelle de dix à vingt-cinq pour cent au-dessus du cours, ce qui paralyse leurs efforts et nuit autant à leurs propres intérêts qu'à ceux des consommateurs.

Si, au lieu d'employer toujours les anciennes chaudières, ces fabricants se décidaient enfin à opérer à vases clos, c'est-à-dire par la compression au moyen de l'autoclave, ainsi que je l'indique, ils pourraient non-seulement livrer leurs produits au cours, mais encore avec un bénéfice de plus de quinze pour cent, ce qui leur permettrait d'atteindre le véritable but où doivent tendre toutes les industries: celui de livrer à la consommation des produits supérieurs et moins coûteux.

Je crois avoir suffisamment démontré les avantages de mon procédé sur la méthode ordinaire; en observant rigoureusement les indications que je donne, et dont cinq années d'expériences m'ont fait reconnaître l'exactitude, on obtiendra les résultats les plus satisfaisans; on s'affranchira des dégoûts et des inquiétudes inséparables des opérations de la fonte; on obtiendra une chandelle plus pure, plus blanche, sans odeur, exempte de coulage et à beaucoup meilleur marché que celle employée jusqu'à présent.

Tableau approximatif des frais qu'occasionne l'établissement du matériel nécessaire à la fonte des suifs d'après l'ancienne méthode, comparés à ceux qu'exige mon procédé.

Dans une fonderie de premier ordre, où l'on opère habituellement une fonte de six à huit milliers de suif en branche, la grande chaudière peut coûter de sept à huit mille francs, ci...	8,000 fr.
Trois chaudières plus petites, destinées à recevoir les produits de la fonte, ensemble...	3,000 fr.
Une forte presse servant à extraire le suif resté dans les cretons après la fonte...	4,000 fr.
Les tonneaux pour déposer les boulets, les baquets dans lesquels le suif est coulé en pains, et les autres ustensiles employés dans la manutention, peuvent s'élever ensemble à...	800 fr.
Pour les fréquentes réparations de la grande chaudière, dont le fond brûle à chaque fonte, et qu'il faut renouveler tous les deux ou trois ans...	1,000 fr.
TOTAL	16,800 fr.

Pour la fonte journalière par mon procédé de 2,400 livres, dont le produit net, après déduction du déchet, est de 2,090 livres de suif entièrement clarifié et susceptible d'être coulé de suite en chandelle, j'emploie trois autoclaves de la contenance de cinq cents litres chacun.

Ces trois autoclaves, montés sur leurs fourneaux économiques, coûtent ensemble de 3,600 à 4,000 francs, ci:...	4,000 fr.
Trois chaudières de décharge également montées sur leurs fourneaux économiques, ensemble 1,500 à 1,600 francs, ci...	1,600 fr.
Une petite presse...	700 fr.
Ustensiles divers, tels que baquets servant à faire dégorger le suif en branche, toiles, etc., au plus...	1,000 fr.
Tables et moules à chandelles, Mémoire,ci...	

TOTAL	7,300 fr.

Le résultat d'une fonte de huit milliers de suif en branche, déduction faite du déchet, donne communément de six mille à six mille cinq cents livres de suif coulé en pains et propre à la vente; mais il faut remarquer que ces fontes considérables ne se peuvent renouveler que tous les trois ou quatre jours, et qu'elles ne fournissent réellement, l'une dans l'autre, par jour, qu'un produit de seize cents livres de suif, lequel encore ne peut être converti en chandelle qu'après avoir été clarifié de nouveau lors de l'opération du coulage.

Cet aperçu démontre que sur les frais du matériel nécessaire aux deux genres d'exploitation, mon procédé offre une économie de 9,500 francs. Si l'on considère en outre le peu de combustible que j'emploie dans mes opérations avec la quantité prodigieuse que réclame une fonte de huit milliers de suif en branche, faite d'un seul jet et au moyen d'une chaudière découverte, on reconnaîtra encore sur cet article important et le plus dispendieux une économie au moins des trois quarts.

PIÈCES JUSTIFICATIVES.

Le ministre de l'intérieur, comte de l'Empire, à M. APPERT, *propriétaire à Massy, près Paris.*

Paris, 30 janvier 1810.

Deuxième division, bureau des Arts et Manufactures.

Mon bureau consultatif des arts et manufactures m'a rendu compte, Monsieur, de l'examen qu'il a fait de vos procédés pour la conservation des fruits, légumes, viandes, bouillons, lait, etc. D'après son rapport, on ne saurait douter de la réalité de ces procédés. Comme la conservation des substances animales et végétales peut être de la plus grande utilité dans les voyages sur mer, dans les hôpitaux et l'économie domestique, j'ai pensé que votre découverte méritait un témoignage particulier de la bienveillance du Gouvernement. J'ai en conséquence accueilli la proposition qui m'a été faite par mon bureau consultatif, de vous accorder un encouragement de douze mille francs. En prenant cette décision, j'ai eu en vue, d'abord, de vous décerner la récompense due à ceux qui sont auteurs de procédés utiles; ensuite de vous indemniser des dépenses que vous avez été obligé de faire, soit pour établir vos ateliers, soit pour vous livrer aux expériences nécessaires pour constater la réalité de vos moyens. Le chef de la division de comptabilité de mon ministère vous fera incessamment connaître le jour où vous pourrez vous présenter au trésor public pour y toucher les douze mille francs que je vous ai accordés.

Il m'a paru, Monsieur, qu'il importait de répandre la connaissance de vos procédés pour la conservation des substances animales et végétales. Je désire donc que, conformément à la proposition que vous avez faite, vous rédigiez une description exacte et détaillée de ces procédés; cette description que vous remettrez à mon bureau consultatif des arts et manufactures, sera imprimée à vos frais, après qu'il l'aura examinée et revue. Vous m'en adresserez ensuite deux cents exemplaires. L'envoi de ces exemplaires étant la seule condition que je mette au paiement des douze mille francs qui vous ont été accordés, je ne doute point que vous ne vous empressiez de la remplir. Je désire, Monsieur, que vous m'accusiez la réception de ma lettre.

Recevez l'assurance de mes sentimens distingués.

Signé MONTALIVET.

Bureau consultatif des Arts et Manufactures.

Les soussignés, membres du bureau consultatif des arts et manufactures près le ministre de l'intérieur, chargés par Son Excellence d'examiner la description des procédés qu'emploie M. Appert pour la conservation des substances alimentaires, ont reconnu que les détails qu'elle renferme, tant sur la manière d'opérer, que sur les résultats qu'on en obtient, sont exacts et conformes aux diverses expériences que le sieur Appert a faites devant eux, par l'ordre de Son Excellence.

Paris, ce 19 avril 1810.

BARDEL, GAY-LUSSAC, SCIPION PERIER, MOLARD.

Copie d'une lettre écrite au général Caffarelli, *préfet maritime à Brest, par le Conseil de santé, en brumaire an* 12 (1804).

Les comestibles préparés selon le procédé du citoyen Appert, et envoyés en ce port par le ministre de la marine, ont, après un séjour de trois mois sur la rade, présenté l'état suivant:

Le bouillon en bouteilles était bon; le bouillon contenu avec un bouilli, dans un vase particulier, bon aussi, mais faible; le bouilli lui-même très-mangeable.

Les fèves et petits pois, apprêtés l'un et l'autre au gras et au maigre, avaient toute la fraîcheur et la saveur agréable des légumes fraîchement cueillis.

Signés DUBREUIL, BILLARD, DURET, PICHON et THAUMER; pour copie conforme, le secrétaire du conseil, J. MIRIEL.

Société d'encouragement pour l'industrie nationale.

Paris, ce 7 avril 1809.

Le secrétaire de la Société d'encouragement pour l'industrie nationale, à M. APPERT, *propriétaire à Massy.*

MONSIEUR,

J'ai le plaisir de vous transmettre une copie du rapport fait à la société d'encouragement par MM. Guyton-Morveau, Parmentier et Bouriat, sur vos conserves de substances végétales et animales. On ne peut rien ajouter au jugement que la commission a porté sur votre découverte; elle annonce cependant qu'elle n'a pas été à portée de faire des expériences assez rigoureuses ni assez long-temps suivies, pour pouvoir constater jusqu'à quel point les substances que vous préparez sont susceptibles de se conserver; mais ce qu'elle a observé par elle-même a suffi pour former son opinion, déjà favorablement disposée par les témoignages nombreux et décisifs qui attestent vos succès.

La Société d'encouragement croit servir la patrie et l'humanité, en publiant, avec les éloges qu'elle mérite, une découverte aussi généralement utile. Ses vœux seront accomplis, si son suffrage, en déterminant les consommateurs à faire usage de vos produits, peut contribuer à vous faire obtenir la juste récompense de vos travaux.

Agréez, Monsieur, l'assurance de la parfaite considération avec laquelle j'ai l'honneur de vous saluer, MATH. MONTMORENCY, *secr. adj.*

Extrait du procès-verbal de la séance du conseil d'administration, du mercredi 15 mars 1809.

Rapport fait, au nom d'une commission spéciale, par M. BOURIAT, *sur les substances végétales et animales conservées par M.* APPERT.

«Le Conseil a renvoyé à une commission, composée de MM. Guyton-Morveau, Parmentier et moi, l'examen des substances végétales et animales présentées par M. Appert, et conservées, d'après ses procédés, depuis plus de huit mois.

Ces substances sont:

1° Un pot-au-feu;

2° Un consommé;

3° Du lait;

4° Du petit-lait;

5° Des petits pois;

6° Des petites fèves de marais;

7° Des cerises;

8° Des abricots;

9° Du suc de groseilles;

10° Des framboises.

«Chacun de ces objets était contenu dans un vase de verre, hermétiquement fermé, ficelé avec du fil de fer, et goudronné. En procédant avec ordre à leur examen, le pot-au-feu a le premier fixé notre attention. Nous avons trouvé une gelée assez consistante qui entourait un morceau de bœuf et deux morceaux de volaille. En chauffant avec précaution le tout au degré convenable, on a trempé une soupe qui s'est trouvée bonne, et la viande, qui en avait été séparée, fort tendre et d'une saveur assez agréable.

«Le consommé nous a paru excellent; et, malgré qu'il fût préparé depuis près de quinze mois, il n'y avait guère de différence à établir avec celui qu'on aurait fait le jour même.

«Le lait s'est trouvé d'une couleur jaunâtre, imitant un peu celle du colostrum, d'une densité plus forte que celle du lait ordinaire, plus savoureux et plus sucré que ce dernier; avantage qu'il doit au degré de concentration qu'on lui a fait éprouver. On peut dire qu'un lait de cette espèce, quoique préparé depuis neuf mois, peut remplacer la majeure partie des crêmes qui se vendent à Paris. *Ce qui paraîtra plus extraordinaire, c'est que ce même lait, contenu dans une bouteille de chopine, qui a été débouchée, il y a un mois, pour en prendre une partie, et rebouchée ensuite avec peu de soin, s'est conservé presque sans altération. Il a paru d'abord prendre un peu de consistance, mais une simple agitation a suffi pour lui redonner sa liquidité ordinaire. Je le présente ici dans la même bouteille, afin qu'on puisse se convaincre d'un fait que j'aurais eu de la peine à croire, s'il m'eût été annoncé avant d'en avoir acquis la preuve.*

«Le petit-lait, que nous avons examiné ensuite, a présenté des particularités presque aussi étonnantes; sa transparence est la même que celle d'un petit-lait nouvellement préparé. Sa couleur est plus foncée, son goût plus sapide, et sa densité plus grande. Il s'est aussi altéré beaucoup moins vite, étant exposé à l'air au bout de quinze jours, puisqu'une bouteille, ouverte il y a un mois et demi, agitée à plusieurs reprises, et assez mal rebouchée, n'a commencé à perdre de sa transparence qu'au bout de quinze jours. Sa surface s'est recouverte, au bout d'un mois et plus, d'une moisissure assez épaisse, qui, étant séparée avec soin, l'a laissé jouissant encore de sa saveur du petit-lait.

«Les petits pois et les fèves de marais, cuits avec l'attention que recommande M. Appert, ont présenté deux mets très-bons, que l'éloignement de la saison dans laquelle on les mange semblables, paraît rendre encore plus agréables et plus savoureux.

«Les cerises entières et les abricots coupés par quartiers, conservent une grande partie de la saveur qu'ils avaient au moment où on les a récoltés. Il est vrai que M. Appert est obligé de les cueillir un peu avant leur maturité parfaite, de crainte qu'ils ne se déforment trop dans les vases de verre où il les conserve.

«Le suc de groseilles et les framboises nous ont paru jouir de presque toutes leurs propriétés; on y a retrouvé l'arome de la framboise parfaitement conservé, de même que l'acide légèrement aromatique de la groseille. Leur couleur seule avait diminué d'intensité.

«Tels sont les résultats que nous ont présentés ces sortes de substances, qui toutes avaient été préparées, suivant M. Appert, depuis plus de huit mois, et plusieurs d'entre elles depuis un an et quinze mois, notamment le petit-lait. Nous avons dû nous en rapporter à lui pour les époques de leurs préparations, ne pouvant compter que deux mois depuis le moment où il en a fait le dépôt à la Société; mais ce laps de temps nous a suffi pour avoir une idée avantageuse de son procédé. Nous sommes d'autant plus fondés à croire ce qu'avance M. Appert, que des personnes dignes de foi se sont convaincues par elles-mêmes qu'il peut conserver, plus d'une année, de semblables substances. Cet artiste n'a remis au conseil, que comme échantillons, les objets dont je viens de parler; mais il en prépare un bien plus grand nombre d'espèces. Il n'a point communiqué les procédés qu'il emploie.

OBSERVATIONS.

«L'art de conserver les substances végétales et animales dans le meilleur état possible, c'est-à-dire, qui se rapproche le plus de celui où la nature nous les offre, continuent les mêmes Commissaires, a beaucoup occupé la pharmacie, la chimie et la médecine. On a employé, pour y parvenir, différens moyens, tels que la dessiccation, les véhicules acides, alcooliques, huileux, les substances sucrées, salines, etc.; mais il faut avouer que ces moyens font perdre à plusieurs corps une partie de leurs propriétés, ou les modifient souvent, de manière qu'on ne reconnaît plus leur arome ni leur saveur. Sous ce point de vue, les procédés de M. Appert nous paraissent préférables, si, sans avoir recours à la dessiccation, il n'ajoute aucun corps étranger à celui qu'il veut conserver. Il y a tout lieu de croire que son moyen est d'autant meilleur, que les substances sur lesquelles il opère sont plus capables d'éprouver, sans altération sensible, une température assez élevée.»

Plusieurs personnes, dont le mérite est très-connu, ont été chargées par les préfets, dans différens ports de mer, d'examiner les préparations de M. Appert. Il suffit de lire l'extrait des rapports faits par ces personnes instruites, pour se convaincre de la bonté des procédés de l'auteur.»

Du 14 avril 1807.

A Brest, par exemple, la commission nommée par M. le préfet maritime s'exprime ainsi:

«Il est démontré, par tout ce qui vient d'être dit, que toutes les substances alimentaires embarquées, au nombre de dix-huit, sur le *Stationnaire*, depuis le 2 décembre 1806, débarquées le 13 avril 1807, et examinées par la commission *ad hoc*, sous la présidence d'un commissaire de marine près les hôpitaux, ne se sont point altérées pendant leur séjour à bord, et que l'état dans lequel on les a trouvées est celui qu'elles présentaient au premier examen fait au commencement du mois de décembre dernier.

«On peut ajouter que le procédé de M. Appert, pour la conservation des objets examinés, est suivi de tout le succès qu'il avait promis; qu'avec quelques corrections qu'il regarde comme très-faciles, et en multipliant moins les vases, les viandes, à bord des vaisseaux de Sa Majesté et autres bâtimens, offriraient de grands avantages.»

La commission nommée à Bordeaux, par M. le préfet du département, dit positivement:

«L'exposé que nous venons de vous faire, M. le préfet, sur les divers objets préparés par M. Appert, vous indiquera qu'ils étaient dans un état de conservation parfaite; que les moyens employés ne tiennent point à l'addition de substances étrangères; que ces moyens sont fondés sur des procédés particuliers, trouvés ou perfectionnés par M. Appert, qui ne dénaturent nullement le goût ni le parfum des objets qu'on y soumet.»

M. le contre-amiral Allemand a écrit une lettre à M. Appert, dont voici la copie.

«J'ai communiqué votre lettre, Monsieur, aux capitaines sous mes ordres, et leur ai fait goûter, avant-hier, les végétaux de toutes espèces que j'achetai de vous, il y a quatorze mois, et dont mon maître-d'hôtel avait oublié une caisse dans une soute. Comme on commence à se procurer des petits pois et des fèves, ils les crurent de la saison, tant ils étaient bien conservés. Ils veulent vous en acheter une grande provision, ainsi que des bouillons, viandes en bouteilles, et fruits. J'en prendrai aussi beaucoup pour moi, quand la saison dans laquelle nous entrons sera passée.

«Je suis tellement persuadé, Monsieur, qu'il y aurait infiniment d'avantage à embarquer, de la sorte, les rafraîchissemens des malades, que, si S. Exc. le ministre de la marine et des colonies me faisait l'honneur de me demander mon avis, je ne balancerais pas à l'affirmer, autant pour l'intérêt du gouvernement et des malades, que pour le vôtre. Je le lui demanderai même au premier jour.

«Recevez l'assurance de ma haute considération. A bord du vaisseau impérial le *Majestueux*, en rade à l'île d'Aix, le 7 mai 1807.»

Copie de la lettre de M. le vice-amiral Martin, préfet maritime, à M. APPERT, *à Brest.*

«J'ai reçu, Monsieur, votre lettre du 27 avril dernier. Suivant vos désirs, j'ai adressé à S. Exc. le ministre de la marine et des colonies le procès-verbal de la visite des divers comestibles préparés d'après vos procédés.

«Je ne négligerai aucune occasion de faire connaître une découverte qui m'a paru aussi utile à l'État, qu'intéressante pour les marins. J'ai l'honneur de vous saluer.

«Rochefort, le 22 mai 1807.»

On voit, par ces rapports qui se trouvent presque conformes, quoique faits dans des villes éloignées les unes des autres, à des époques et par des personnes différentes, que les procédés de M. Appert sont aussi sûrs qu'utiles. Ils offrent un moyen de jouir, toute l'année, dans toute la France, et de savourer à son aise les productions qui n'appartiennent qu'à une de ses parties, sans craindre de les recevoir altérées par le transport et l'éloignement de la saison qui les a vues naître. Déjà, sous ce seul rapport, l'avantage paraît grand; aussi n'a-t-il pas échappé aux poètes et littérateurs aimables qui chantent, pour s'égayer, les succès qu'obtient l'art de préparer les mets. M. Appert a reçu d'eux, plusieurs fois, les éloges les plus flatteurs et les plus mérités.

Les procédés de cet artiste ne sont pas moins utiles à l'économie du sucre pour les fruits, parce qu'ils conservent, sans son secours, leurs sucs jusqu'au moment de les consommer. Il suffit, à cette époque, d'y ajouter un peu de sucre, pour les rendre agréables, tandis qu'il en aurait fallu le double pour les conserver, à l'aide de ce condiment. On peut ajouter encore que la saveur et l'arome des substances sont mieux conservés par les moyens de M. Appert, que par la coction qui s'emploie ordinairement pour les confire à l'aide du sucre. Voilà deux avantages, dont l'un paraît bien grand, lorsqu'on examine la quantité prodigieuse de cette denrée coloniale qui sert à conserver, chaque année, les sucs et les fruits. L'établissement de M. Appert n'a peut-être pas été assez apprécié par de riches capitalistes qui auraient pu lui donner rapidement le degré d'extension désirable, et qu'il ne prendra que successivement, si cet artiste est livré à ses propres moyens.

Les succès qu'il a déjà obtenus augmentent son zèle, et lui font porter ses vues plus loin; il promet de faire parvenir au-delà de la Ligne, sans être altérées, les productions agréables dont la nature a favorisé notre sol. Il veut par là multiplier les jouissances de l'Indien, du Mexicain, de l'Africain, comme celles du Lapon, et transporter en France, des pays les plus éloignés, une infinité de substances que nous désirerions avoir dans leur état naturel.

Déjà les essais qui ont été faits, à bord de quelques vaisseaux, prouvent que les malades d'un équipage se trouveront fort satisfaits des préparations de M. Appert, qui leur offrent la facilité de pouvoir se procurer, au besoin, de la viande et du bouillon de bonne qualité, du lait, des fruits acides, même des sucs antiscorbutiques; car M. Appert assure pouvoir conserver ces derniers.

Quant à l'embarcation de la viande nécessaire à tout un équipage, pour un voyage de long cours, il semble s'élever une légère difficulté, par la multiplicité des bouteilles qu'il faudrait avoir; mais M. Appert trouvera sans doute les moyens de faire cesser cet inconvénient, par le choix de vases moins fragiles, et d'une capacité plus grande.

Telle est notre manière de penser sur les substances conservées par M. Appert et soumises à notre examen; qu'elles se sont trouvées toutes de bonne qualité; qu'on peut les employer sans aucune espèce d'inconvénient, et que la Société doit des éloges à l'auteur, pour avoir avancé à ce point l'art de conserver des substances végétales et animales. Nous nous plaisons ici à rendre hommage au zèle et au désintéressement qu'il a mis pour parvenir à son but.

Lorsque les relations commerciales seront plus faciles, M. Appert n'aura besoin que de son talent et de sa persévérance pour établir une branche de commerce qui lui sera utile ainsi qu'à son pays; mais, dans ce moment, ses concitoyens ne peuvent mieux récompenser ses travaux qu'en employant les produits de sa manufacture.

Nota. M. Appert désire conserver des relations avec la Société, pour l'instruire du résultat des nouveaux travaux auxquels il va se livrer d'après l'invitation de vos commissaires.

Le conseil partageant l'avis de la commission, adopte le présent rapport et ses conclusions, et arrête qu'il sera inséré au Bulletin de la société.

Signés à la minute, GUYTON-MORVEAU, PARMENTIER et BOURIAT. Pour copie conforme: MATH. MONTMORENCY, *secr. adj.*

Société d'Agriculture du département de la Seine.

Paris, le 15 juillet 1809.

SILVESTRE, *membre de l'Institut, secrétaire de la Société d'Agriculture du département de la Seine, à M.*

MONSIEUR,

J'ai l'honneur de vous adresser ci-joint un arrêté de la Société d'agriculture du département de la Seine, relatif à des renseignemens qu'elle demande pour la rédaction d'un ouvrage sur l'*Art de conserver les substances alimentaires*. Cet ouvrage est à-la-fois réclamé par les besoins du commerce, de la marine et de l'économie domestique. La Société espère que vous voudrez bien la seconder dans son exécution, en lui communiquant les divers procédés qui peuvent être à votre connaissance.

J'ai l'honneur de vous saluer avec une considération distinguée, SILVESTRE.

Extrait du registre des délibérations de la Société d'Agriculture du département de la Seine, séance du 21 juin 1809.

L'art de conserver les substances alimentaires est encore loin d'avoir reçu le degré de perfection et d'extension dont il est susceptible, et qu'il est à désirer de lui voir obtenir, à raison des grands avantages qui en résulteraient pour les diverses classes de la société.

Il arrive en effet habituellement que plusieurs denrées, telles que les fruits, les légumes, les poissons, les viandes, etc., très-abondantes dans certaines saisons ou dans certains cantons, sont gaspillées et se donnent à vil prix, tandis que, dans d'autres circonstances, elles doublent et quadruplent de valeur, et qu'il est même impossible de s'en procurer, parce qu'on n'a pas employé les moyens de conservation par lesquels il eût été possible d'en prolonger la durée. A l'aide de ces moyens, plusieurs de ces denrées qui ne trouvent pas de débouchés, et qui sont consommées presque sans profit, entreraient dans la masse générale des subsistances, et fourniraient à la table du pauvre, ainsi qu'à celle du riche, pendant tout le cours de l'année, une abondance et une variété de mets, qui augmenteraient beaucoup les moyens de subsistance du premier, et multiplieraient les jouissances du second.

Les personnes qui ont appliqué à leurs besoins particuliers cette partie de l'économie domestique, connaissent les ressources qu'elle leur procure dans leur ménage, et elles savent combien le public en retirerait d'avantages, si elle était mise généralement en pratique; mais ce qui a été publié sur ce sujet est trop incomplet et trop fautif pour servir de guide.

D'après ces considérations, la Société d'agriculture du département de la Seine a pensé que la publication d'un ouvrage spécial sur l'*Art de conserver les substances alimentaires* ne pourrait qu'être extrêmement utile, soit pour la société, soit pour les particuliers. En conséquence elle a invité un de ses membres, M. *de Lasteyrie*, qui s'était déjà occupé de cet objet, à continuer les recherches et les expériences qu'il a commencées; et afin de lui faciliter les moyens de compléter son travail, la Société a arrêté qu'elle inviterait tous ses membres, ainsi que ses correspondans, tant étrangers que nationaux, à transmettre à son secrétaire, sous le couvert de S. Ex. le ministre de l'intérieur, ou bien à communiquer directement à M. *de Lasteyrie* lui-même les procédés de conservation qui peuvent être à leur connaissance. Elle va leur indiquer d'une manière générale la nature des renseignemens qu'elle désire.

1° La Société demande une description des méthodes usitées dans le canton qu'on habite pour la conservation des grains, des farines, des légumes, des racines, des herbes potagères, des fruits proprement dits, des poissons, du lait, du beurre, du fromage, des œufs, des viandes d'oiseaux ou de quadrupèdes, etc.

2° Comme on ne peut compter sur un procédé que lorsqu'il a été constaté par des expériences plusieurs fois répétées, les personnes qui voudront bien envoyer des renseignemens sont invitées à décrire uniquement les méthodes de conservation dont l'efficacité aura été reconnue par leur propre expérience, ou par celle d'autres personnes dignes de foi.

3° Si les procédés en usage dans un canton ont été décrits dans quelque ouvrage, il suffira d'indiquer la page de l'ouvrage où se trouve cette description, et de noter les perfectionnemens que pourraient avoir reçus ces procédés.

4° Plusieurs bonnes méthodes de conservation ayant été publiées dans les ouvrages allemands, anglais, hollandais, suédois et danois, on invite ceux qui en auraient connaissance à en donner l'indication, lorsqu'ils seront assurés de la bonté de ces méthodes.

5° Les renseignemens demandés s'étendent sur toute espèce de procédés, pratiqués, soit en grand, soit en petit, pour la conservation des différentes substances propres à la nourriture de l'homme et même à celle des animaux. Tels sont en général la salaison, la dessiccation, la coction, la fumigation, la mouture, etc., l'emploi du vinaigre, de l'huile, du beurre, de la graisse, du miel, du sucre, etc., la privation du contact de l'air, de la lumière, etc.

6° On n'oubliera pas de décrire les qualités des diverses substances employées pour la conservation des alimens, la nature et les dimensions des vases et ustensiles, la position et la construction des lieux particulièrement destinés à cette conservation et aux opérations qui la précèdent.

Signés, le sénateur comte FRANÇOIS DE NEUFCHATEAU, *président*; SILVESTRE, *secrétaire.*

Copie du certificat délivré par les membres de la Société royale de Londres, le 28 juin 1814, *à M.* APPERT, *auteur de l'Art de conserver toutes les substances alimentaires.*

Nous soussignés certifions que la bouteille de lait mentionnée dans le certificat de M. Bouriat, fut débouchée et goûtée par nous le 26 de juin. Nous trouvâmes le lait très-doux et exempt de toute espèce d'âcreté, mais différent un peu, ayant un goût de lait frais. Les autres substances conservées, dégustées par nous dans le même temps, se trouvèrent toutes dans une entière et parfaite conservation, ayant encore toute leur saveur.

Signés N. A. CADELL, JOS. BANKS, BLAGDEN, etc., etc., etc.

Lettre de M. DE FREYCINET, *capitaine de vaisseau, et membre de l'Institut (Académie des sciences), a M.* APPERT.

Je vous envoie ci-inclus, monsieur, l'extrait du voyage du capitaine *Kotzebue*, dont je vous ai parlé. Vous y verrez que les Anglais et les Russes sentent parfaitement l'importance de la découverte dont vous êtes l'auteur. Vous y remarquerez aussi que, selon l'usage, les Anglais cherchent à s'attribuer le mérite d'une découverte dont ils sont jaloux, comme de tout ce qui se fait d'utile hors de chez eux. Mais le nom de *Donkin*, ou tout autre, ne l'emportera pas sur le vôtre; l'Europe vous rendra la justice pleine et entière qui vous est due, et vous serez considéré comme un des hommes qui ont rendu les plus grands services à la marine. Tôt ou tard vos préparations alimentaires seront adoptées en grand et exclusivement sur les vaisseaux; elles feront oublier ces salaisons parfois si dégoûtantes, et toujours si nuisibles à la santé, et c'est à vous que les navigateurs devront ce bienfait.

Je souhaite, pour l'intérêt de la marine et la gloire de la France, que vous puissiez donner vous-même promptement à votre utile et intéressante manufacture tous les développemens dont elle est susceptible, et qui sont si vivement désirés par tous nos navigateurs.

Recevez, monsieur, l'assurance de mes sentimens les plus distingués.

L. DE FREYCINET.

Paris, 23 juin 1822.

Extrait de l'introduction au Voyage autour du monde du capitaine russe Kotzebue, par M. KRUSENSTERN.
(Traduit de l'anglais).

Londres, 1821.

Une découverte faite dernièrement en Angleterre me parut trop importante pour que l'expédition (Kotzebue) n'en fît pas usage. Cette découverte, due à M. Donkin, consiste dans la conservation de la viande fraîche, des végétaux, de la soupe, du lait, en un mot des comestibles frais de toute espèce pendant un nombre d'années indéterminé. Il paraîtra exagéré de dire que la viande ainsi conservée est meilleure que la viande fraîche. Le fait est vrai cependant, parce que les boîtes de fer-blanc contiennent un jus réduit et substantiel dont la viande se trouve pénétrée. Je fis fournir au vaisseau une quantité considérable de ces provisions, et elles ont été du plus grand usage au capitaine Kotzebue et à son équipage: cette viande fut souvent le seul rafraîchissement qu'il eût à donner à ses malades. La découverte de M. Donkin, quoique peu importante en apparence, est, sans aucun doute, une des plus intéressantes qui ait été faite dans l'intérêt des navigateurs. Sans parler de l'avantage immense d'être approvisionné pendant la durée des plus grands voyages, de comestibles frais qui occupent à bord peu d'espace, chose qu'on ne pouvait obtenir précédemment, même pour un temps beaucoup plus court, qu'en embarquant un certain nombre de bestiaux vivans, qui encombrent toujours et qui exigent une immense quantité de foin et d'autres provisions pour leur nourriture, et que l'on peut d'ailleurs perdre tout à coup malgré les précautions les plus minutieuses; sans parler, dis-je, de tous ces avantages, la découverte dont il s'agit est encore de la plus haute importance pour les malades, en accordant toutefois que la conservation de la santé des équipages soit un objet de quelque intérêt. Un petit nombre de soupes substantielles peuvent souvent sauver la vie à un malade, alors que la médecine est impuissante, et c'est surtout ce qui arrive chez les scorbutiques. Malgré tous les soins qu'une sage hygiène indique, nous avons malheureusement encore d'effrayans exemples des ravages que cette maladie occasionne à bord des vaisseaux. Dans ce cas, les préparations alimentaires de Donkin ne sauraient être assez recommandées, et elles sont en effet de la plus haute importance. Si lord Anson, dans sa navigation autour du cap Horn, en 1740, si nos vaisseaux, dans leur traversée d'Archangel à la mer Baltique, dans les années 1812 et 1813, eussent eu à bord des provisions de viandes ainsi préparées, tant d'hommes que la mort a moissonnés ne fussent pas tombés à la fleur de leur âge, victimes de cette cruelle maladie[75].

Lettre de S. Exc. le ministre secrétaire-d'état de l'intérieur à M. APPERT.

Paris, le 30 août 1822.

Monsieur, j'ai reçu la lettre du 8 de ce mois, par laquelle vous exposez que M. le capitaine russe Kotzebue, dans l'introduction de son Voyage autour du monde (ouvrage traduit de l'anglais et dont M. de Krusenstern est éditeur), attribue votre découverte de l'art de conserver toutes les substances animales et végétales, et de les rendre propres aux voyages de long cours, au sieur

Donkin de Londres; que cependant, ce dernier avoue, dans le *Répertoire des arts et de l'agriculture*, n° 112, mois de septembre 1811, qu'il doit la connaissance de ses procédés à une personne résidant en pays étranger, personne qu'il ne nomme pas à la vérité, mais que la notoriété publique et l'ancienneté de vos opérations désignent assez clairement.

Comme il vous importe de réfuter l'assertion de M. le capitaine Kotzebue, parce qu'elle pourrait devenir nuisible à vos intérêts, et de revendiquer l'honneur d'une découverte utile, à laquelle vous attachez beaucoup de prix, vous me priez de vous mettre en état de faire valoir vos droits à cet égard, en vous délivrant une attestation constatant qu'en 1810 vous avez communiqué tous les procédés dont vous êtes l'inventeur, au gouvernement d'alors qui vous accorda une prime d'encouragement.

Pour satisfaire à votre désir, je me suis fait représenter les pièces qui vous concernent, et qui se trouvent déposées au 2e bureau de la 3e division de mon ministère: il en résulte que le bureau consultatif des arts et manufactures attaché au département de l'intérieur, ayant été chargé au mois d'août 1809, de prendre une connaissance parfaite de vos procédés pour la conservation des substances animales et végétales alimentaires, et en ayant rendu le compte le plus favorable, il vous fut accordé, le 30 janvier 1810, par M. le comte de Montalivet, alors ministre de l'intérieur, une récompense de 12,000 fr., sous la condition que, conformément à la proposition que vous aviez faite précédemment, vous rédigeriez une description exacte et détaillée de vos procédés, laquelle serait examinée et revue par ledit bureau consultatif, avant d'être imprimée à vos frais, et dont vous livreriez deux cents exemplaires au département de l'intérieur; que cette description ayant reçu l'approbation du même bureau consultatif, vous la fîtes imprimer au commencement de juin 1810, chez Patris et comp., à Paris, sous le titre de l'*Art de conserver, pendant plusieurs années, toutes les substances animales et végétales*; et que les deux cents exemplaires que vous en aviez remis au ministère de l'intérieur, furent adressés à tous les préfets de la France, vers la fin du même mois de juin, dans le but de propager votre invention; que le 16 octobre 1810, M. Ch. Mohr, chef de la pharmacie de l'hospice civil de Coblentz, adressa, au ministre de l'intérieur, un exemplaire imprimé de sa traduction de votre ouvrage, que pour la plus grande publicité et commodité de ses compatriotes de la rive gauche du Rhin, il avait cru devoir traduire en allemand sous ce titre: *Das Buch für alle haushaltungen, oder: Die Kunst alle thierische und vegetabilische Nahrungsmittel mehrere Jahre vollkommen genießbar zu erhalten, Koblenz* 1810, *bei Pauli und comp.*

Le rappel de ces faits et des époques auxquelles ils se rattachent, vous tiendra lieu de l'attestation que vous m'avez demandée.

Recevez, monsieur, l'assurance de ma considération,

Le Ministre secrétaire d'état de l'intérieur,

CORBIERE.

Copie de la lettre de M. HOUSSART, *capitaine de vaisseau au long cours, à M. le Rédacteur de la Feuille d'annonces du Havre.*

Monsieur,

J'ai lu dans votre feuille, du 31 avril, une note sur l'excellence des préparations de M. Appert; je m'empresse de réunir mon assentiment à celui de mes honorables camarades qui ont signé cette note.

J'ajouterai qu'ayant été, en 1806, membre d'une commission nommée à Bordeaux, par M. le Commissaire général de la marine, pour l'examen des premiers produits de M. Appert, j'ai une expérience de dix-huit ans à offrir en leur faveur. J'ai constamment fait usage et toujours j'ai trouvé ses préparations supérieures à tout ce qui existe en ce genre. Au mois d'août dernier, revenant du Bengale, j'ai pu faire servir à mes passagers, le jour de ma rentrée au Havre, un pâté de perdreaux, un fricandeau, des petits pois, des petites fèves et des compotes de mirabelles qui avaient vingt-deux mois ou deux ans, et dont le palais le plus délicat n'aurait pas soupçonné l'antiquité.

Prêt à partir pour l'Inde, j'ai renouvelé mes approvisionnemens en préparations conservées de M. Appert, et même j'ai étendu l'emploi en l'appliquant à la nourriture de mon équipage, pour lequel j'ai pris de ses conserves pour cent vingt jours de mer. Il m'est prouvé, par cet essai, que les matelots seront plus sainement et aussi abondamment nourris, sans aucune augmentation de dépense et peut-être même avec économie.

Veuillez bien, monsieur, insérer cette lettre dans un de vos prochains numéros.

J'ai l'honneur, etc.

Signé HOUSSART.

FIN.

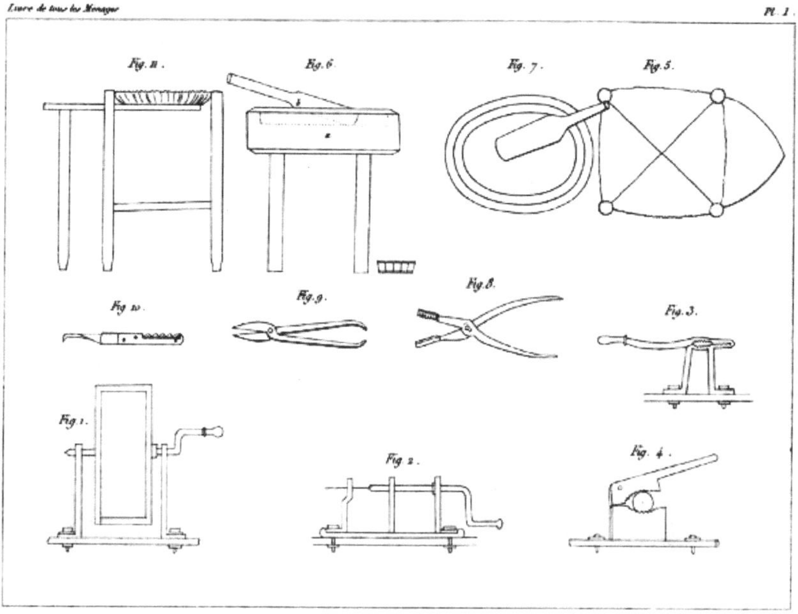

Livre de tous les Ménages Pl. 1.

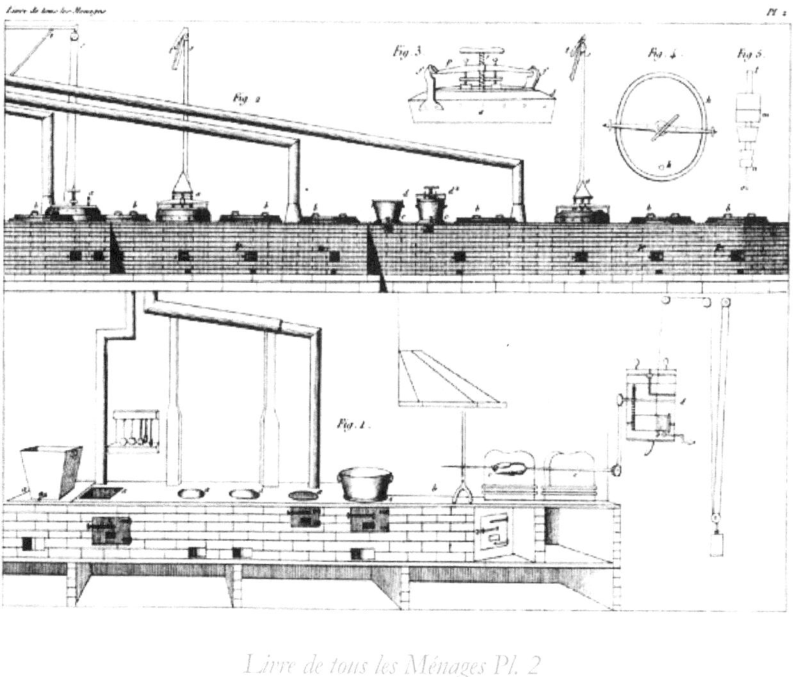

Livre de tous les Ménages Pl. 2

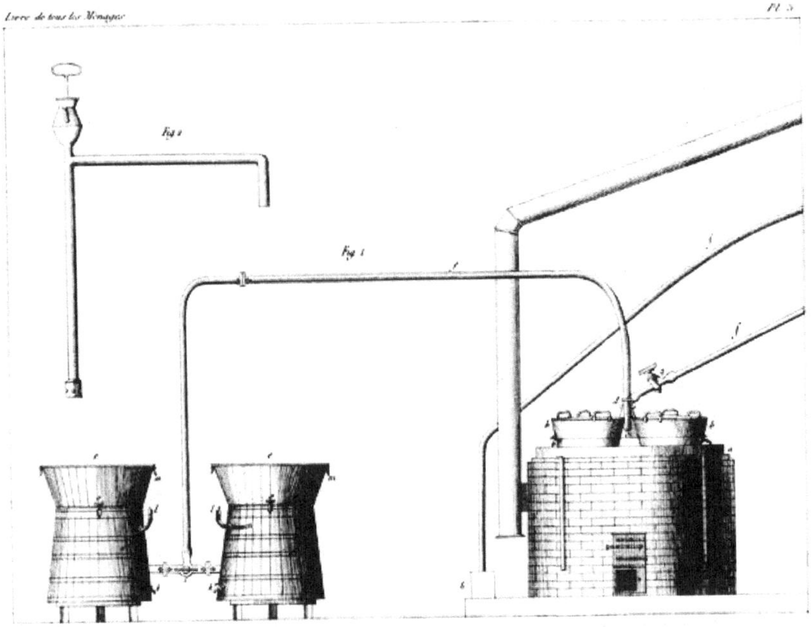

Livre de tous les Ménages Pl. 3.

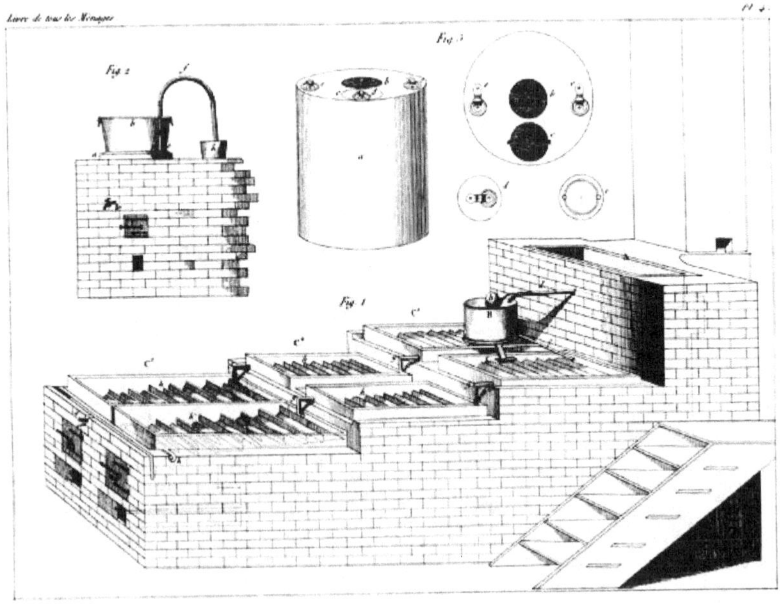

Livre de tous les Ménages Pl. 4.

NOTES

~~~~~

[1] La dessiccation enlève l'arome des végétaux, change le goût des sucs, racornit la matière fibreuse et parenchymateuse.

Le sel porte dans les substances qu'il conserve une âcreté désagréable, détruit la fibre animale....... L'eau employée pour dessaler ces préparations entraîne, aux dépens des parties digestives et nutritives de ces substances, les principes solides qui les constituent.

Le sucre masque ou détruit en partie l'acidité agréable des fruits, sans parler de la quantité de ce condiment qu'il faut employer pour conserver la substance à laquelle on l'unit.

Nous ne parlerons pas des effets du vinaigre et de l'eau-de-vie; ils sont trop généralement connus.

[2] Les viandes salées, dont les équipages se nourrissent, paraissent être une des principales causes du scorbut; il semble que les mêmes raisons qui font que les sels empêchent la fermentation des viandes, les rendent de difficile digestion. Quoiqu'une petite quantité de sel pût faire un obstacle à la putréfaction, l'usage trop abondant et trop continuel que l'on en fait, doit causer des embarras dans les plus petits vaisseaux; et ces embarras ne peuvent manquer de fatiguer l'estomac de gens qui ont à digérer des légumes secs et des biscuits, que les matelots âgés ne peuvent mâcher parfaitement. Les mauvaises digestions et l'obstruction des petits vaisseaux peuvent occasionner les ulcères de la bouche et les taches qui dénotent le scorbut.

(*Santé des Marins*, par DUHAMEL, page 64.)

[3] Ce *Bulletin* est rédigé par MM. Parmentier, membre de l'Institut, premier pharmacien des armées; C. L. Cadet, L. A. Planche, P. F. G. Boullay, J. P. Boudet, F. R. Destouches, membre de la Société de Pharmacie de Paris.

[4] 1° Lettre de S. Exc. le ministre de l'intérieur, page 239; 2° Rapport de la Société d'encouragement, page 242.

[5] L'auteur a été quinze ans confiseur, rue des Lombards, à Paris.

[6] M. Gay-Lussac, dans un mémoire lu à l'Institut, le 3 décembre 1810, s'est particulièrement occupé de la question de savoir quel était, dans les procédés de M. Appert, le principe conservateur des substances végétales et animales.

Les recherches de ce savant chimiste sont trop profondes pour que nous nous permettions d'en tenter l'analyse; elles sont, d'un autre côté, trop
~~~~~

étendues pour que nous puissions transcrire ici tout ce qu'il a dit sur cette matière; nous nous contenterons donc, en renvoyant à l'ouvrage même, de reproduire le résumé qu'il a fait de ses observations.

«Quoi qu'il en soit (dit M. Gay-Lussac), après avoir recherché les principes de la fermentation, il me semble qu'on peut parfaitement concevoir la conservation des substances animales et végétales par le procédé de M. Appert.

«Ces substances, par leur contact avec l'air, acquièrent promptement une disposition à la putréfaction ou à la fermentation; mais en les exposant à la température de l'eau bouillante, dans des vases bien fermés, l'oxigène absorbé produit une nouvelle combinaison, qui n'est plus propre à exciter la fermentation ou la putréfaction, ou il devient concret par la chaleur, de la même manière que l'albumine.

«On remarque en effet, continue-t-il, qu'un suc disposé à la fermentation, et parfaitement limpide, se trouble à la température de l'eau bouillante, et n'est plus susceptible alors de fermenter, à moins qu'on ne lui donne le contact du gaz oxigène; dans ce cas-ci, on le fait bouillir au moment où la fermentation commence à s'y développer; on l'arrête promptement, et il se fait encore un dépôt de nature animale.

«On peut observer en outre que la levure de bière qu'on a exposée à la température de l'ébullition de l'eau, perd aussi la faculté d'exciter la fermentation du suc; or, puisque le moût de raisin qu'on a fait bouillir, retient encore en dissolution du ferment qui ne demande pour produire la fermentation que le contact de l'air, il faut en conclure qu'il n'y a que la partie qui a absorbé l'oxigène, et qui probablement est dans le même état que la levure de bière, qui soit susceptible de se coaguler par la chaleur.

«C'est ainsi que je conçois la conservation des substances animales et végétales; et si, comme les expériences que j'ai rapportées semblent le prouver, l'oxigène est nécessaire au développement de la fermentation et de la putréfaction, il est évident que, non-seulement il faut que la chaleur soit suffisamment prolongée pour détruire ou rendre concrète la substance qui a absorbé l'oxigène, et qui est propre à exciter la fermentation, mais encore que les vases qui renferment les substances soient fermés assez exactement pour que l'air ne puisse y pénétrer.

«Il est très-probable, d'après cette théorie, que l'on conserverait très-long-temps toutes sortes de fruits dans le gaz hydrogène ou le gaz azote, pourvu qu'ils n'eussent point absorbé l'oxigène. On peut aussi en conclure que si le raisin se conserve long-temps sans fermenter, c'est parce que l'enveloppe extérieure ne donne pas accès à l'oxigène, et non, comme l'a supposé M. Fabroni, d'après une très-belle analyse du raisin, parce que le ferment et la matière sucrée sont dans des cellules séparées.

«Je regarde enfin comme possible que si une substance animale, le lait, par exemple, pouvait être obtenu sans le contact de l'air, il se conserverait long-temps sans altération.»

M. Gay-Lussac termine son mémoire par des observations relatives aux moyens de faire naître la fermentation dans le moût de raisin.... Il parle du soufrage et du mutage des vins. Mais comme ces objets n'ont pas une relation absolue avec la matière que nous traitons, nous ne nous en occuperons pas ici.

[7] L'adoption des boîtes de fer-blanc ou de fer battu pour renfermer les comestibles que je conserve, notamment les substances animales, a introduit dans mes procédés d'importantes modifications qui exigent une instruction particulière. Lorsque j'ai publié la troisième édition du *Livre de tous les ménages*, j'étais très-éloigné de cette méthode que j'ai même condamnée alors, et ce n'est qu'après m'être convaincu, par de nombreuses expériences, des avantages qu'elle présente, que je me suis décidé à l'adopter, malgré ses inconvéniens.

[8] On conçoit que pour l'usage particulier des ménages et pour les petites opérations, il n'est pas nécessaire d'établir de pareils ateliers: il suffit, pour opérer d'après ma méthode, d'avoir les vases et autres ustensiles qui se trouvent partout où l'on s'occupe de provisions d'hiver.

[9] Excepté les mâchoires à levier, les tabourets pour tasser et les sacs pour envelopper les bouteilles et la pince-cisaille, le surplus des appareils ci-dessus cités sont connus depuis long-temps, particulièrement en Champagne, où on a l'habitude de boucher parfaitement.

[10] Si dans les grandes opérations il est nécessaire d'avoir de vastes chaudières armées de forts robinets, c'est qu'il serait trop long de laisser refroidir un tel volume d'eau, restant toujours sur un fourneau échauffé, et que d'un autre côté la chaleur, appliquée trop long-temps aux substances, leur ferait beaucoup de tort. On pourra donc se servir, sans inconvénient, dans les petites opérations et dans les ménages, du premier chaudron ou vase de terre pour les bains-marie, pourvu que les bouteilles puissent baigner jusqu'à la cordeline (ou bague); on peut même, à défaut d'un vase assez haut, coucher les bouteilles dans le bain-marie, avec la précaution de les y bien emballer, pour éviter la casse. On peut aussi, lorsque la hauteur de la bouteille excédera celle du vase, le couvrir d'un autre vase, que l'on renversera dessus en forme de cloche. Plusieurs opérations de cette manière m'ont très-bien réussi. Les bouchons se fatiguent un peu plus à l'extérieur; mais lorsque les bouteilles sont bien bouchées, il n'y a rien à craindre. Par exemple, il ne

conviendrait pas d'y coucher ainsi les vases bouchés de bouchons de plusieurs pièces, parce que ces sortes de bouchons sont plus tourmentés par l'action du feu, et quelque bien bouché que pourrait être le vase, il serait imprudent de l'exposer.

Les petits bains-marie sont d'autant plus commodes qu'ils se placent partout et se déplacent à volonté; ils refroidissent promptement, et lorsqu'on y peut tenir la main, on en retire les bouteilles: l'opération est ainsi terminée.

Les vases de verre présenteront toujours plus de facilité; et si les boîtes de fer-blanc, ou mieux encore celles de fer battu, conviennent davantage aux grandes opérations, il n'en est pas de même dans les ménages particuliers, à cause de la difficulté que l'on éprouve pour la fermeture des boîtes.

[11] Le mot *Canard* est le seul employé dans les abattoirs.

[12] Le liége des montagnes de la Catalogne est le meilleur de tous. Celui des plaines est communément creux et rempli de défauts.

Le diamètre de la tête d'un bouchon bien fait doit toujours excéder de deux lignes celui du bout. Ces bouchons, autrefois très-difficiles à se procurer, sont communs aujourd'hui, et tous les marchands en sont approvisionnés. C'est chez M. Le Coq, rue du Temple, n° 51, que se trouvent les meilleurs assortimens; on peut s'y procurer les bouchons de toutes les grosseurs, jusqu'à vingt et vingt-quatre lignes de diamètre, dimension suffisante pour les bouteilles à grande ouverture.

[13] Il faut souvent graisser la lame de ce couteau, soit avec du suif ou du savon.

[14] Beaucoup de personnes croient avoir bien bouché, lorsqu'elles ont introduit le bouchon jusqu'au ras de l'embouchure de la bouteille, mais c'est tout le contraire. Règle générale: lorsque le bouchon ne résiste pas aux coups redoublés d'une forte palette, et qu'il s'introduit entièrement dans la bouteille, il est toujours prudent de le retirer pour en substituer un autre plus convenable. Ainsi, croire qu'une bouteille bouchée trop bas est bien bouchée, parce qu'elle ne fuit pas en la renversant, c'est une erreur qui, jointe à la mauvaise qualité des bouchons qu'on emploie, cause bien des avaries. Celui qui bouche avec attention, s'assure du bon bouchage par la résistance qu'il éprouve sous la palette, et il ne s'avise jamais de renverser la bouteille. Il n'est besoin d'ailleurs que de réfléchir aux piqûres qui se rencontrent dans le liége, et à tous les défauts cachés qui peuvent exister dans les bouchons, même les plus fins, défauts à travers lesquels l'air se peut introduire, pour reconnaître la nécessité de n'employer que les meilleurs bouchons possibles, bien passés à la mâchoire, et de boucher assez fort pour éviter les avaries qui résultent du mauvais bouchage; car si une bouteille ne fuit pas au moment où l'on vient de la mal boucher, c'est que l'air n'a pas encore eu le temps de

pénétrer par les défauts du bouchon; mais aussi à l'usage, combien de variétés dans la qualité d'un vin tiré d'une même pièce! combien de bouteilles plus ou moins en vidange! etc, etc.

[15] Dans les premiers temps de l'exploitation de mon procédé, je bouchais moi-même les bouteilles qui renfermaient les substances alimentaires, et je me conformais exactement aux préceptes que j'ai publiés. Des commandes importantes m'étant survenues, j'eus besoin d'un aide dans mes travaux, et je m'adressai, pour boucher mes bouteilles, à M. Mangeon, tonnelier et charron à Massy, dont je connaissais l'intelligence. M. Mangeon ne connaissait pas ma manière de boucher; mais à peine eut-il bouché trois ou quatre bouteilles d'après mon procédé, qu'il opérait presque aussi bien que moi; il avait tant d'assurance qu'en serrant fortement de la main gauche le col de la bouteille, d'aplomb sur le casse-bouteilles, il frappait dessus avec autant de force qu'il en aurait mis à enrayer une roue. Je l'ai toujours employé depuis lors toutes les saisons, et chaque année il me bouchait ainsi de quinze à seize mille bouteilles.

Pour achever de dissiper les craintes qui pourraient exister sur les dangers de ce mode de bouchage, je puis ajouter que, pendant tout le temps que je suis resté chez mon père, qui m'employait à boucher une partie des vins de Champagne, dont il faisait le commerce, il a éclaté dans ma main gauche plus de cent cinquante embouchures de bouteille, sans que jamais j'aie éprouvé le moindre accident. Au moment de l'éclat du tutri de la bouteille, provoqué par le coup de la palette, j'éprouvais une commotion qui me faisait involontairement ouvrir la main. J'ai remarqué un effet singulier produit par cette commotion: à l'instant où je l'éprouvais, plusieurs éclats de verre étaient entrés, non pas dans ma main gauche comme ou pourrait le croire, mais dans la partie du bouchon qui était introduite dans le col de la bouteille. J'en conclus que la forte pression produite au col de la bouteille, ainsi que la compression de l'air produite dans l'intérieur par l'introduction du bouchon, étant moins considérable que la pression extérieure, l'air se dégage au moment de la fracture, cause la commotion que l'on éprouve, et donne à la pression extérieure la facilité de diriger les éclats de verre vers le col de la bouteille, et de les faire entrer dans le bouchon.

C'est d'après ces observations que j'ai acquis toute l'assurance nécessaire pour bien boucher. Je puis encore invoquer à mon appui l'expérience de ce qui se pratique tous les jours à Ay, Épernay, pour le parfait bouchage des vins de Champagne. Je crois en avoir assez dit pour dissiper les craintes que l'on pourrait avoir de se blesser en suivant les procédés que j'ai indiqués pour le parfait bouchage.

[16] J'ai dit plus haut que le verre composant les bouteilles devait être également réparti afin d'éviter la casse. Dans l'opération du bain-marie, c'est

effectivement le fond, partie plus chargée de matière, qui se sépare du haut de la bouteille, quand elle est mal confectionnée. Il arrive souvent qu'il se dessole si bien, qu'on peut encore faire usage de la bouteille en la recollant avec le lut de M. Bardel. J'en ai fait l'épreuve, et il m'arriva à ce sujet quelque chose d'assez plaisant.

Un jour que plusieurs bouteilles à très-petites embouchures s'étaient dessolées avec une telle précision qu'on n'aurait pu mieux les couper, j'imaginai d'introduire dedans, par l'ouverture du bas, deux artichauts entiers tout parés. Le haut de ces bouteilles était resté bouché et ficelé, j'en rapprochai adroitement le fond, que je rajustai avec le lut. Je soumis ce raccommodage au bain-marie, en observant de renverser les goulots de manière que les fonds rapportés ne baignassent pas dans l'eau. Cette opération, qui n'était qu'une plaisanterie de ma part, eut un succès complet; le lut s'identifia si bien avec le verre, que je conservai long-temps vingt-quatre de ces bouteilles contenant chacune deux gros artichauts entiers.

Je me plaisais à montrer une chose aussi singulière aux curieux qui visitaient ma fabrique; l'un d'eux un jour me fit mille instances pour que je lui apprisse comment je m'y prenais pour introduire d'aussi gros artichauts par un aussi petit goulot; je n'eus garde de le lui dire, et je me bornai à lui répondre avec gravité que c'était mon secret.—Veuillez au moins me donner celui de les retirer.—Ma foi, monsieur, trouvez-le, et vous serez aussi savant que moi.—Il faut donc casser les bouteilles?—Eh! mais c'est un moyen comme un autre!.... Et je m'enfuis, ne pouvant m'empêcher de rire de la simplicité de ce brave homme, qui croyait pieusement mes artichauts introduits par le goulot de la bouteille.

[17] Comme essai, j'ai fait confectionner des boîtes agrafées; mais j'ai reconnu que cette méthode adoptée pour les casseroles et autres ustensiles de cuisine ne pouvait convenir à mon usage. Le fer-blanc reployé sous le marteau pour former l'agrafe, se gerce et se casse, ce qui occasionne les accidens que j'ai signalés plus haut, en parlant de l'aigreur et de la sécheresse des tôles.

[18] A côté du trou percé et au milieu du couvercle, on soude légèrement une chape en fer-blanc mince, avec un anneau de fil de fer, ainsi qu'un petit morceau carré de fer-blanc d'un pouce et demi, garni de soudure pour recevoir le numéro d'ordre. Il doit être fixé près de la chape de manière que l'anneau tombe dessus.

[19] Tels que de noircir les préparations au blanc, et de brûler plus vite que les casseroles de cuivre.

[20] La Société d'encouragement pour l'industrie nationale, frappée des inconvéniens que présentent les vases de fer-blanc, vient de publier le

programme d'un prix de 3,000 francs pour celui qui fera des vases de fer battu étamé, ou de tout autre métal ou alliage aussi salubre que ceux de fer. Leur grandeur devra contenir depuis 2 kilogrammes jusqu'à 20 de substances alimentaires. Ce prix sera distribué en 1832.

[21] Comme il serait possible que quelques lecteurs désirassent connaître le procédé que j'employais pour appliquer le calorique par la vapeur, je vais donner une analyse succincte des deux manières dont j'opérais:

Première manière d'appliquer le calorique aux diverses substances que l'on veut conserver par la vapeur de l'eau bouillante.

Après avoir rangé mes vases et bouteilles dans un cuvier, je l'ai rempli d'eau de manière que les vases y baignaient à trois pouces de la cordeline seulement, la vapeur produisant elle-même assez d'eau pour qu'à la fin de l'opération elle atteignît jusqu'à la cordeline; j'ai couvert ce cuvier de son couvercle, que j'ai fait poser sur les bouteilles. Après l'avoir luté de linge mouillé, j'ai ouvert un robinet à deux eaux pour y introduire la vapeur de l'eau d'une chaudière à l'ébullition: quarante-cinq minutes ont suffi pour mettre l'eau du cuvier au bouillon. Ce degré continué pendant une heure, j'ai fermé le robinet à la vapeur, et j'ai ouvert celui du cuvier que j'ai décanté.

J'ai répété cette expérience sur diverses substances animales et végétales, toutes ont réussi comme au bain-marie.

Deuxième manière d'appliquer le calorique.

Cette seconde manière est beaucoup plus simple et plus précise que la première; elle consiste à ranger les bouteilles dans le cuvier, ainsi qu'il vient d'être dit, mais sans y mettre d'eau. Après avoir bien luté le couvercle avec du linge mouillé, on ouvre le robinet de la chaudière d'eau bouillante pour introduire la vapeur. Le cuvier est bientôt échauffé, et au bout de quarante-cinq minutes, il est porté à l'ébullition que l'on continue pendant une heure. Alors on ferme le robinet à la vapeur, et une heure et demie après, on découvre le cuvier pour en retirer les vases.

J'ai fait une expérience de ce procédé sur des bouteilles vides; j'en ai couché soixante-dix dans un cuvier bien couvert et luté; j'ai introduit la vapeur, et je les ai exposées à son action pendant une heure et demie; j'ai ensuite fermé le robinet, et je leur ai laissé passer la nuit. Le lendemain, il ne s'en est pas trouvé une seule de cassée, et j'ai remarqué, en me servant de ces bouteilles recuites, qu'elles étaient meilleures et cassaient beaucoup moins que les autres.

[22] Quand j'eus reformé en grand mon établissement aux Quinze-Vingts, et que je me fus procuré tous les appareils nécessaires à ma

fabrication; je ne m'amusai plus, comme on le pense bien, à superposer deux et trois rangs de bouteilles dans une chaudière; mais je continuai de les couvrir de linge à l'intérieur, et de bien fermer et luter les couvercles.

[23] Quoiqu'il n'y ait d'autre analogie entre ce procédé et les miens que l'application du bain-marie, on ne sera peut-être pas fâché d'en trouver ici une description exacte.

[24] Pour les sautés et les sauces.

[25] Dans ce dernier cas, le haut de la bouteille se sépare du bas; mais on peut encore faire usage de ces bouteilles, si on les colle au moyen du lut indiqué par M. Bardel. J'en ai fait l'épreuve sur différentes bouteilles que j'ai ensuite emplies d'eau et conservées comme toute autre; mais je ne crois pas qu'elles puissent supporter le bain-marie ou des liqueurs fortes. Elles pourraient servir, sans rien craindre, à conserver des légumes secs, etc.

En résumé, la perte provenant de la casse et des avaries, pour les petits pois, qui sont la substance la plus difficile à conserver, lorsqu'on les veut bien tendres, est à peu près de dix à quinze bouteilles par cent, tandis qu'elle n'est que de trois à cinq pour les autres substances.

[26] Les provisions préparées de cette manière seraient encore très-utiles dans les pays de grandes fabriques: la plupart de ces établissemens formés au milieu des terres et éloignés de toutes communications, ne peuvent être approvisionnés, pendant les grandes chaleurs, des viandes fraîches nécessaires à la subsistance des nombreux ouvriers qui y sont attachés, ce qui occasionne trop souvent des maladies que préviendrait l'usage des viandes conservées.

[27] Toutes les substances animales, ainsi conservées, ne perdent rien de leur poids ni de leur volume.

Il n'en est pas de même de quelques substances végétales; l'influence du calorique en sépare l'eau de végétation qui, restant dans la bouteille, devient un jus excellent. Il diminue d'autant le volume de la substance conservée, et en améliore la qualité.

[28] Les gelées, les essences de viande, les fonds de glaces et les tablettes à bouillon, qu'on obtient des parties molles et blanches des animaux, conservés à grands frais au moyen de l'évaporation, de la dessiccation dans les étuves, à l'aide de la corne de cerf et de la colle de poisson, ne présentent que des alimens factices, sans saveur et sans autre goût que celui d'empyreume et de moisi, etc.

[29] Des viandes dont je me sers pour faire des consommés, j'en fais d'excellens hachis, dont on fait usage toute l'année dans ma maison. J'en ai encore depuis dix-huit mois, qui sont aussi frais que s'ils venaient d'être faits.

[30] «On ne parle dans les ateliers (dit le célèbre CHAPTAL, *Élémens de Chimie, discours préliminaire*, p. CXXXj), que des caprices des opérations; mais il paraît que ce terme vague a pris naissance de l'ignorance où sont les ouvriers, des vrais principes de leur art; car la nature n'agit point elle-même avec détermination et discernement; elle obéit à des lois constantes. Les matières mortes, que nous employons dans nos ateliers, présentent des effets nécessaires où la volonté n'a aucune part, et où par conséquent il ne saurait y avoir de caprice. *Connaissez mieux vos matières premières*, pourrait-on dire aux artistes, *étudiez mieux les principes de votre art, et vous pourrez tout prévoir, tout prédire et tout calculer; c'est votre seule ignorance qui fait de vos opérations un tâtonnement continuel et une décourageante alternative de succès et de revers.*»

En effet, le manipulateur qui opère avec une parfaite connaissance du principe de son art, et des résultats de son application, sera plus surpris qu'étonné d'une avarie ou d'un revers qu'il éprouvera dans ses opérations; et bien loin de s'en prendre au caprice, il trouvera la cause de cette avarie dans l'oubli de quelques soins indispensables à l'application de ce même principe; le revers lui servira de régulateur pour mieux calculer et pour perfectionner les procédés préparatoires. Comme il a la conviction de l'invariabilité de son principe dans ses effets, il sait que toute avarie ou revers ne peut provenir que d'une mauvaise application.

[31] Cette opération en grand, c'est-à-dire dans une grande chaudière, demanderait beaucoup de précautions, en ce qu'il serait plus difficile de maîtriser le degré de chaleur que dans un petit bain-marie, qui se place et déplace à volonté.

[32] Le crotin récent donnerait une mauvaise odeur qui ferait tourner le lait.

[33] La pinte ou litre de lait est double, c'est-à-dire que douze pintes en font vingt-quatre ordinaire.

[34] On peut se servir du même instrument pour extraire toutes les substances des bouteilles où elles sont renfermées.

[35] Après avoir parlé du succès que j'ai obtenu sur les fèves de marais, je crois devoir également rendre compte d'une tentative que j'ai faite, et dans laquelle je n'ai pas aussi bien réussi.

Le haricot vert, après une heure et demie et même deux heures de bain-marie, se trouve ordinairement ferme; et quoique ce légume se serve sur les grandes tables presque toujours croquant, plusieurs personnes m'ont témoigné le désir de les avoir plus cuits ou moins fermes; en conséquence, j'ai fait l'expérience suivante:

J'ai plongé les haricots verts dans l'eau bouillante, à laquelle j'avais ajouté un peu de sel; je les ai retirés de suite, pour les replonger dans l'eau fraîche, et je les ai laissé égoutter: je les ai mis en bouteilles bien bouchées, puis au bain-marie, un quart d'heure seulement. Cette tentative n'a pas eu le succès que j'en attendais, quoique ce légume ait eu, au sortir de l'opération, la meilleure apparence: au bout de quinze jours ou trois semaines, partie de ces haricots ont fondu de moitié dans les bouteilles, plusieurs ont cassé, et enfin il en est resté peut-être un quart qui se sont trouvées très-bien conservées. Ainsi, ce moyen, qui peut être bon, demande de la circonspection de la part de ceux qui voudraient le tenter. En attendant sa perfection, il sera prudent de s'en tenir au premier.

[36] La manière d'extraire le suc des plantes par l'eau a plus ou moins d'inconvéniens; toutes celles dont le principe est très-fugace et très-évaporable, perdent infiniment, même à l'eau tiède; à plus forte raison lorsque l'eau est poussée à un degré de chaleur plus élevé, et lorsqu'on laisse long-temps les plantes en digestion.

L'ébullition qu'on emploie souvent pour extraire l'arome des plantes au moyen de la distillation, malgré tous les appareils fermés dont on se sert, dénature le plus souvent les produits.

Non-seulement les principes extraits par l'eau ont déja perdu par cette première opération, mais il ne leur reste presque plus de vertu après l'évaporation qu'on a l'usage de leur faire subir pour en former des extraits. L'extrait ne peut donc représenter que l'apparence des principes solubles et nutritifs des substances végétales et animales, puisque le feu nécessaire pour former l'extrait au moyen de l'évaporation, détruit l'arome et presque toutes les propriétés de la substance qui le contient.

[37] La fleur d'orange destinée à la vente à la Halle est souvent cueillie depuis plusieurs jours, et a séjourné à la cave, où elle a été arrosée pour la tenir fraîche et en augmenter le poids. Elle ne convient nullement pour être conservée; elle jaunit à l'opération, sans néanmoins perdre son parfum. On peut en faire des liqueurs excellentes, soit par infusion ou la distillation, etc.

[38] Quoiqu'il n'entre pas dans les attributions de mon ouvrage de parler de différens objets qui paraissent n'avoir aucun rapport avec lui, cependant je crois devoir, pour l'intérêt même du manipulateur, le prévenir des accidens qui pourraient arriver dans le courant de ses préparations, et dont la pratique et l'expérience seules m'ont fait apercevoir.

Par exemple, dans les grandes opérations, on peut se trouver dans le cas de manquer de vases pour contenir les sucs qu'on doit mettre ensuite en bouteilles. Alors, il ne faut jamais se servir de vases d'étain et de cuivre étamé, ni de fer-blanc, ni même de fer, parce que les deux premières espèces, de rouge qu'était le suc qu'on leur avait confié, le rendent violet, et les deux autres le rendent noir. En général, il faut bien se garder de se servir de pareils vases, surtout pour des sucs acides: les vases de terre, de grès, de faïence, ou de bois, n'occasionnent aucun inconvénient.

[39] Ce suc le fait prendre en gelée plus facilement.

[40] Les confiseurs ne prennent ordinairement, pour conserver, que des abricots blancs, et qui n'ont, par conséquent, pas reçu de rayons de soleil; ils veulent qu'ils aient mûri à l'ombre, pour qu'ils n'aient aucune tache.

Au contraire, par mon procédé, je recherche les abricots les plus jaunes possible; à cet effet, j'ai soin de faire effeuiller les abricotiers, pour qu'ils mûrissent également. Ce fruit, qui sans doute doit être, lorsqu'il est très-mûr et coloré par le soleil, bien meilleur que lorsqu'il est resté à l'ombre, se maintient à l'opération, soit entier, soit par quartiers.

Quant à ceux qui se trouvent trop mûrs, on les met dans des bouteilles à part, pour en faire des glaces ou des marmelades pendant l'hiver.

[41] Pour obtenir des pêches mûres également, et avec tout leur parfum, il faut, comme pour l'abricot, faire effeuiller le pêcher quinze jours avant la maturité.

[42] L'expérience m'a convaincu que le café trituré au mortier a beaucoup plus de parfum que celui qui est moulu. C'est sans doute cette raison qui fait qu'on ne se sert, dans le Levant, que de café trituré.

[43] Un bouillon est la durée d'une minute, l'eau étant en ébullition; deux bouillons, celle de deux minutes, et ainsi de suite.

[44] On doit faire usage de cet extrait sans le faire chauffer, ce qui diminuerait sa qualité sans être d'ailleurs nécessaire, puisque l'eau ou le lait auquel on l'ajoute, a le degré de chaleur qui lui convient pour être pris.

[45] J'ai mis les résidus de la pièce avec les marcs de la presse, dans ma vendange.

[46] Des meilleures années et des meilleurs crus.

[47] On sait que les bœufs ne sortent point entiers de l'abattoir, et qu'ils sont toujours divisés par moitiés.

[48] Le désossement des viandes de boucherie exige une très-grande surveillance de la part du maître; la plupart des garçons bouchers ne se piquent pas d'exceller dans cette opération, et la traitent avec une si grande négligence, que si l'on n'y prenait garde ils laisseraient la moitié de la viande après les os.

[49] En roulant ainsi les viandes sur leur longueur, on doit avoir le soin de proportionner la grosseur du rouleau au diamètre des boîtes qu'on leur destine. En les dépeçant au travers, on doit pareillement observer de donner aux morceaux une épaisseur à peu près égale à la profondeur de ces boîtes.

[50] Le pot-au-feu que je décris ici est sans doute excellent pour l'usage auquel il est consacré, mais il laisserait beaucoup à désirer, même dans une cuisine bourgeoise; d'où un lecteur superficiel pourrait inférer que je suis étranger aux premiers élémens de l'art culinaire, de cet art précieux et presque divin, qui, de nos jours, exerce une si grande influence sur les destinées du monde! Pour me mettre à l'abri d'un pareil soupçon, et malgré ma répugnance à faire parade de mon érudition, je crois à propos de rapporter ici l'opinion d'un auteur aussi savant que spirituel.

«....... Ce n'est pas, dit-il, la quantité de viande qui fait seule le bon bouillon, mais la manière dont le pot-au-feu est conduit. Qu'est-ce que le bouillon? Une décoction de viande contenant l'extractif animal ou *osmazeux* qui la colore, du sel, mais surtout de la gélatine. Pour que la viande cède à l'eau ces principes, il faut que celle-ci pénètre avec une température graduée, dilate les fibres musculaires, et dissolve la gélatine qui y est interposée; mais dans ces mêmes muscles il y a aussi de l'*albumine* (matière analogue au blanc d'œuf, et qui forme l'écume du pot); cette albumine se coagule, et se durcit à la température de quatre-vingts degrés. Si donc vous poussez rapidement votre pot-au-feu au point de le faire bouillir avant que la viande soit dilatée et pénétrée par l'eau, qu'arrive-t-il? L'albumine se coagule dans la viande même, et empêche la gélatine d'en sortir; vous avez un bouillon faible et un bouilli dur: mais, au contraire, si vous avez ménagé le feu de manière que la viande ait eu le temps d'être pénétrée, l'albumine s'élève en écume, la gélatine se dissout, le bouillon est savoureux, nourrissant, et le bouilli tendre. Voilà toute la théorie du pot-au-feu.» (*Cours gastronomique.*)

Il n'y a rien à ajouter à ce que l'on vient de lire; mais l'auteur que je viens de citer s'étant borné à donner la théorie du pot-au-feu, je vais risquer de donner celle de la soupe à l'ognon.

Quoique rien ne soit aussi commun, rien pourtant n'est meilleur que cette soupe bien préparée. Le roi de Pologne, Stanislas, en faisait un cas tout particulier. Dans un de ses voyages de Lunéville à Versailles, où il allait tous les ans visiter la reine sa fille, il s'arrêta dans une auberge de Châlons, où on lui servit une soupe à l'ognon si délicate et si *soignée*, qu'il ne voulut pas continuer sa route sans avoir appris à en préparer lui-même une semblable. Enveloppé de sa robe de chambre, Sa Majesté descendit à la cuisine, et voulut absolument que le chef opérât sous ses yeux. Ni la fumée, ni l'odeur de l'ognon, qui lui arrachaient de grosses larmes, ne purent distraire son attention; elle observa tout, en prit note, et ne remonta en voiture qu'après être certaine de posséder l'art de faire une excellente soupe à l'ognon.

Voici comment se fait cette soupe, à jamais illustrée par l'anecdote que je viens de rapporter, et à laquelle, en commémoration d'un honneur aussi insigne, j'ai donné le nom de *Soupe à l'ognon à la Stanislas.*

On enlève la croûte du dessus d'un pain, on la casse en morceaux que l'on présente au feu des deux côtés. Quand ces croûtes sont chaudes, on les frotte de beurre frais, et on les représente de nouveau au feu jusqu'à ce qu'elles soient un peu grillées; on les pose alors sur une assiette pendant le temps que l'on fait frire les ognons dans le beurre frais, on en met ordinairement trois gros, coupés en petits dés; on les laisse sur le feu jusqu'à ce qu'ils soient devenus d'un beau blond un peu foncé, teinte qu'on ne parvient à leur donner bien égale qu'en les remuant presque continuellement; on y ajoute ensuite les croûtes, en remuant toujours, jusqu'à ce que l'ognon brunisse. Quand il a suffisamment pris de couleur, pour détacher de la casserole, on mouille avec de l'eau bouillante, on met l'assaisonnement et l'eau nécessaire, puis on laisse mitonner au moins un quart d'heure avant de servir.

Ce serait à tort que l'on penserait qu'en mouillant cette soupe avec du bouillon ou du consommé, on la rendrait meilleure; cette addition, au contraire, en la rendant trop nutritive, altérerait sa délicatesse.

[51] Voyez le rapport fait à la Société d'encouragement pour l'industrie nationale, par M. Bouriat, au nom de la commission. Deux demi-bouteilles, l'une de lait, l'autre de petit lait, débouchées depuis vingt à trente jours, avaient été rebouchées avec peu de soin; cependant les deux substances avaient conservé toutes leurs propriétés.

Du bouillon simple, resté, après avoir été débouché, pendant quatre à cinq mois dans le cabinet de M. Keraudren, médecin de la marine, s'était parfaitement conservé, et n'avait contracté d'autre goût que celui de moisi.

Le 15 décembre 1810, j'ai débouché une bouteille de consommé, et une remplie de hachis de bœuf et de volaille préparés depuis trois mois.

Après avoir vidé ces deux bouteilles aux trois quarts, je les ai rebouchées tout simplement, pour les exposer à une température de quinze degrés de chaleur environ.

Le 28 mars suivant, j'ai retrouvé ces substances sans aucune fermentation, altération ou putréfaction, et n'ayant contracté d'autre goût que celui de moisi, à travers lequel j'ai encore parfaitement distingué la saveur et le goût primitif de ces substances, au point que je crois que, dans un pressant besoin, l'usage en eût encore été supportable.

D'après ces expériences, il paraît que les substances animales conservées par le procédé du bain-marie se conservent très-long-temps après avoir été débouchées, et qu'elles ne sont plus aussi susceptibles de décomposition que celles préparées pour l'usage journalier.

[52] Je crois devoir rapporter ici un fait d'autant plus intéressant, qu'il a eu lieu sans préméditation, et qu'il s'est passé en présence du jury dégustateur, à la table de l'Amphitryon célèbre qui en est le secrétaire perpétuel de service près l'*Almanach des Gourmands.*

Nous en étions au café, on le voulait à la crème: elle avait été oubliée!!!!

Comment remédier à cet oubli? *La cloche venait de faire retentir onze fois ses sons argentins*: plus de crémières......

Un heureux souvenir rappelle tout à coup à l'Amphitryon qu'il devait avoir chez lui, depuis deux ans, une bouteille de crème conservée par ma méthode.

La demander, la chercher, la trouver et la déboucher, fut l'affaire d'un instant.

On sert le café, ma crème y est mêlée..... Mille félicitations, mille éloges me sont prodigués.

Moitié de cette crème restait encore dans la bouteille. On veut connaître la qualité du beurre qu'on pourrait en extraire; je la manipule.....

Elle est à l'instant métamorphosée en beurre frais et excellent.

Nouvel étonnement, nouveaux éloges.....

Un plaisant propose d'en faire une soupe à l'ognon; elle est faite, servie et savourée par tous les convives. L'auteur de la proposition en réclame une double dose, et le jury dégustateur termine sa séance, en donnant à mes procédés et à ma méthode, les témoignages de la plus vive satisfaction.

Doutes orgueilleux, défiances injustes, routines aveugles, préjugés vulgaires, ignorance meurtrière, intérêts particuliers, cédez à l'évidence, et rendez hommage au principe conservateur!!!

[53] La bière qu'on fabrique en France est ordinairement très-légère; je crois que c'est là la principale cause qui fait qu'elle ne se conserve pas aussi long-temps qu'en Hollande et en Angleterre, où elle est infiniment plus forte et mieux cuite.

[54] Je fis prendre, dans une brasserie, rue Mouffetard, de la levure de bière la plus fraîche, j'en remplis douze bouteilles que je mis au bain-marie, après les avoir bouchées et ficelées comme à l'ordinaire. Six mois après, j'ouvris quatre de ces bouteilles, dont je passai le contenu au filtre pour

séparer la bière de la levure; quand cette dernière fut bien égouttée et réduite à l'état de pâte, je voulus, pour m'assurer si elle conservait encore quelque propriété fermentescible, en faire l'essai. Dans cette intention, j'allai trouver le fameux pâtissier Rouget, mais ne voulant pas le mettre dans ma confidence, je pris un détour, et lui dis seulement qu'on me proposait d'acheter cette levure, ce que je ne voulais faire, qu'autant qu'elle serait bonne, que pour la reconnaître je le priais de la vouloir bien essayer sur quelques brioches. Le lendemain, quand je retournai chez lui, il m'affirma, à ma grande satisfaction intérieure, qu'on avait cherché à me duper, que cette levure ne valait rien, et, à l'appui de ses paroles, il me montra les brioches où elle avait été employée; elles étaient restées comme du plomb. Je répétai avec le même succès cette épreuve chez un autre pâtissier, ce qui me convainquit entièrement que par l'application du calorique, à l'aide du bain-marie, j'étais parvenu à détruire radicalement le principe de la fermentation dans une des substances où il domine le plus.

[55] Les bières bien corsées et confectionnées avec les meilleures substances sont, comme de raison, les plus propres à être conservées, et même les seules sur lesquelles on doive opérer.

[56] Au premier aperçu, on pourrait croire qu'une substance, soit crue ou préparée sur le feu, ensuite mise en bouteilles après avoir fait le vide, et parfaitement bouchée, se conserverait également sans l'application du calorique au bain-marie; ce serait une erreur, car toutes les tentatives que j'ai faites m'ont démontré que les deux points essentiels, la privation absolue du contact de l'air extérieur (celui qui peut se trouver dans l'intérieur ne doit pas inquiéter, parce qu'il est réduit à l'impuissance par l'action du feu) et l'application du calorique au bain-marie, sont indispensables, l'un et l'autre, pour la parfaite conservation des substances alimentaires.

[57] Des hommes très-éclairés, mais peut-être trop livrés à l'esprit de système et de prévention, se sont prononcés contre ma méthode, alléguant une prétendue impossibilité. Cependant, d'après les principes d'une saine physique, est-il donc si difficile de rendre raison des causes de la conservation des substances alimentaires par mon procédé? ne voit-on pas que l'application du calorique par le bain-marie, doit opérer doucement une fusion des principes constituans et fermentescibles, de manière qu'il n'y ait plus aucun agent de la fermentation qui domine? cette prédominance est une condition essentielle pour que la fermentation ait lieu au moins avec une certaine promptitude. L'air, sans lequel il n'y a point de fermentation, étant exclu, voilà deux causes essentielles qui peuvent rendre raison du succès de ma méthode, dont la théorie paraît naturellement la suite des moyens mis en pratique.

En effet, si l'on rapproche toutes les méthodes connues, toutes les expériences et les observations qui ont été faites dans les temps anciens et modernes, sur les moyens de conserver les comestibles, on reconnaîtra partout le feu comme l'agent principal qui préside, soit à la durée, soit à la conservation des productions végétales et animales.

Fabroni a prouvé que la chaleur appliquée au moût de raisin détruisait le ferment de ce *végéto-animal* qui est le levain par excellence. M. Thénard a fait de semblables expériences sur des groseilles, des cerises et autres fruits. Les expériences de feu Vilaris et de M. Cazalès, savans chimistes de Bordeaux, qui ont fait dessécher des viandes par le moyen des étuves, prouvent également que l'application de la chaleur détruit les agens de la putréfaction.

La dessiccation, la coction, l'évaporation, ainsi que les substances caustiques ou savoureuses qu'on emploie pour la conservation des productions alimentaires, servent à prouver que le calorique opère les mêmes effets, etc.

[58] Pour détruire un mauvais goût qu'aurait pu contracter une bouteille, il faut la mettre sous terre, la tête en bas et débouchée, pendant une quinzaine de jours.

[59] Voyez l'article *Du Bouchage*, page 16.

[60] Au moyen de la colle indiquée, page 22.

[61] L'usage primitif du digesteur de Papin était d'amollir les os, et de faire en très-peu de temps la cuisson des viandes, de toute espèce de légumes, de fruits, etc.

[62] Je n'ai fait mention, dans la description du couvercle de mon autoclave, ni de la double soupape de sûreté, ni des rondelles fusibles qui doivent y être adaptées, par la raison que je n'en ai jamais fait usage. La grande habitude que j'ai d'appareils que je gouverne moi-même m'a dispensé de recourir à ces moyens de prudence dont je reconnais néanmoins toute l'efficacité, et que je crois devoir recommander comme essentiels.

[63] Outre ceux nécessaires à la charge entière de la soupape, ce septième poids doit toujours être tenu en réserve pour s'en servir au besoin.

[64] Trois envois par semaine.

[65] On a vu, page 8, la description exacte de cet appareil; pour bien entendre l'opération que je vais décrire, il est important de ne pas perdre de vue cette description, et d'avoir même sous les yeux la figure à laquelle je renvoie le lecteur.

[66] Pendant l'évaporation il se forme, au-dessus du liquide, une écume à laquelle on ne doit nullement prendre garde; elle disparaît à la fin de

l'opération, et ne nuit en rien à la transparence des tablettes. Dans toutes les réductions possibles de substances animales ou végétales, cette écume se manifeste du commencement à la fin du travail, et si l'on s'obstinait à la vouloir enlever, on éprouverait sur les produits un déchet incalculable, sans aucun avantage pour la clarification.

[67] Comme il serait souvent impossible de couler de suite, en tablettes, la quantité de matière débitée par l'appareil évaporateur, on en réserve une portion dans des boîtes, où elle se coagule et se durcit tellement qu'il faut, lorsqu'on veut la couler, chauffer les boîtes au bain-marie pour la liquéfier.

[68] Un kilogramme de gélatine, dont le prix est de 6 francs à Paris et de 6 francs 75 centimes, franc de port, dans les départemens, contient trente-huit à quarante tablettes; une once de ces tablettes suffit pour coller deux pièces de chacune deux cent à deux cent cinquante litres d'un vin rouge ou blanc, loyal et sain, sans donner aucun déchet, et en précipitant la lie sous un très-petit volume, au fond du tonneau. Un avantage inappréciable de cette colle est de ne jamais remonter, ainsi qu'il arrive trop souvent aux œufs et à la colle de poisson.

La gélatine nettoie et débarrasse le vin de toutes les parties hétérogènes lui rend sa limpidité, rétablit sa saveur et son bouquet, en un mot, le purge et le recompose totalement.

[69] Beaucoup de personnes pensent encore que les os devraient être broyés au moyen d'une meule tournante ou d'un mouton assez fort pour les pulvériser, ce qui permettrait d'en extraire la gélatine avec plus d'économie de combustible et de liquide, et sans qu'il soit besoin de se servir d'appareils de grande dimension. Ma longue expérience m'a démontré la fausseté de cette opinion. Je sais fort bien que la chaudière chargée d'os pilés en contiendrait davantage; mais il en résulterait un inconvénient très-grave que l'on doit s'attacher à éviter, celui de ne pas assez mouiller, car si le volume d'eau n'était pas dans un rapport exact avec celui des os qu'il baigne, il serait trop tôt saturé de gélatine, et cesserait par conséquent de s'en emparer, d'où il arriverait que les os massés et précipités au fond de l'appareil y entraîneraient avec eux une grande partie du suc gélatineux. Au contraire, lorsqu'ils ne sont que grossièrement concassés, ils forment dans la chaudière de grands interstices occupés par le liquide, et qui permettent au calorique de les frapper de toutes parts et de faciliter ainsi le départ de la gélatine que l'eau finit par absorber presque entièrement.

Je dis presque entièrement, parce qu'après l'opération les résidus demeurent imprégnés d'une portion du liquide gélatineux d'où on les retire. Voulant me rendre compte de ce qu'ils pouvaient retenir de substance, je les ai soumis à une seconde pression de l'autoclave, après avoir renouvelé l'eau et poussé le calorique au même degré, ce qui m'a donné un produit de deux pour cent; mais ce dernier résultat n'offrant pas un bénéfice proportionné aux soins qu'exige l'opération, je me suis toujours borné à la première, qui me rapporte constamment de seize à dix-sept pour cent de gélatine.

J'ai dit plus haut, en parlant des autoclaves, qu'espérant purger les os plus complètement de leur gélatine, j'avais considérablement augmenté l'intensité du calorique, en chargeant la soupape de vingt-sept livres de poids au lieu de vingt-deux, et que j'avais cru remarquer que cette surcharge avait fait contracter un peu d'amertume aux produits.

Dans l'essai que je fis pour reconnaître combien les résidus retenaient de gélatine, j'ai observé que le produit, bien que moins chargé de substance, était, quant au goût, parfaitement semblable au premier, et tout à fait dénué d'amertume; d'où j'ai conclu que le surcroît de calorique que j'avais ajouté, frappant sur un liquide entièrement saturé par une pression de vingt-deux livres, avait causé l'amertume que la gélatine n'eût pas contractée, si les os eussent baigné dans un volume d'eau plus considérable et plus en rapport avec le degré de calorique.

Pour ce qui est de l'emploi des gros os, quand même ils ne seraient pas particulièrement réservés pour différens ouvrages de tabletterie et autres, la difficulté de s'en procurer d'assez récents et d'assez propres pour que l'on puisse en extraire la gélatine, en interdit l'usage. Néanmoins la nature de mes travaux m'ayant souvent donné occasion de faire abattre plusieurs bœufs à la fois, j'en ai, autant que possible, utilisé les os, dont j'ai tiré des jus et des consommés pour mes conserves. En les préparant, j'ai reconnu qu'on en pouvait tirer d'excellente gélatine; mais outre l'état dégoûtant de ces os lorsqu'ils ne proviennent point d'abats faits sous ses yeux, les soins et les dépenses qu'exige leur manipulation suffisent pour détourner de s'en servir.

Ces os, en raison de leur grande dureté, demandent une préparation particulière, qui consiste à les soumettre deux fois à l'application du calorique. La première, quoique portée à une pression de deux cents degrés, ne les purge que d'une très-faible portion de gélatine, mais elle les amollit assez pour permettre de les briser avec la mailloche. Alors on les remet dans l'appareil, couverts de six pouces de liquide, et on en extrait ainsi le reste de la gélatine que la première opération n'avait pu atteindre.

On voit, par la quantité de combustible et par le temps qu'exige cette double cuisson, combien elle est onéreuse et combien on aurait tort de donner la préférence à ces os sur ceux provenant des *canards* ou *têtes de bœufs*.

[70] La mauvaise odeur, le goût détestable et la désagréable couleur de l'huile de pied de bœuf ne sont dus qu'au peu de soin apporté à sa fabrication, voici comment elle s'opère dans nos manufactures: on ne prend pas la peine de nettoyer les pieds, on les jette, pour les désergoter, dans une eau presque

bouillante, après quoi on les fait bouillir jusqu'à ce que l'huile soit à peu près extraite, car par cette méthode il s'en perd beaucoup, et là se termine l'opération. Les pieds retirés de la chaudière sont livrés au commerce, qui en fait divers usages.

[71] D'innombrables expériences m'ont amené à bien connaître toutes les propriétés du feu et à les appliquer utilement à mes opérations. J'ai été plus à même que personne de reconnaître la vérité de l'axiome *le feu purifie tout*, qui ne s'entend pourtant que de l'action immédiate de ce fluide sur les corps; son influence sur les substances renfermées dans des vases étant beaucoup moins directe, l'on conçoit facilement que si ces vases sont ouverts, elle devient presque nulle, et ne peut produire qu'une purification très-incomplète, et qu'on ne saurait obtenir qu'à force de combustible et au risque de tout brûler. Dans les vases clos ou autoclaves, les résultats sont positifs et s'obtiennent avec la plus grande promptitude.

Je n'applique donc pas seulement l'intensité du calorique dans la vue d'obtenir le degré de pression exigé par la densité de la substance sur laquelle j'opère, mais encore afin de la porter au plus haut point de purification qu'elle peut atteindre.

Par la méthode ordinaire, la dépuration de la panne de porc, de toutes les graisses de cuisine, et du beurre fondu, pour être conservé, s'opère à vases découverts. Ces opérations sont, comme je viens de le dire, longues, dispendieuses, très-imparfaites et accompagnées d'inconvéniens graves, dont le plus dangereux sans contredit est l'incendie, qui peut résulter de l'effervescence de la matière lors de la première ébullition. La manière actuelle exige en outre, pendant toute la durée de la fonte, une surveillance active, dont on n'est dispensé que quand on a reconnu, à l'odeur de brûlé, que les parties hétérogènes sont précipitées et adhérentes au fond du vase.

Avant de connaître l'utile appareil du docteur Lemare, et d'avoir adopté l'usage de la chaudière à compression, j'ai pratiqué, comme tout le monde, les anciens procédés, et je dois confesser que les produits qu'ils m'ont donnés étaient passables et se conservaient assez long-temps; mais sous le rapport de l'économie, de la sûreté et de la précision des opérations, ils ne peuvent supporter aucune espèce de comparaison avec ceux que je pratique aujourd'hui.

[72] Au moyen de la chaudière à compression ou autoclave, on peut opérer sans la moindre crainte de l'incendie. Si par impossible un accident arrivait à cet appareil, une déchirure par exemple, le suif qui s'en échapperait serait répandu seulement à la surface du fourneau sans pouvoir pénétrer dans le foyer, dont la capacité de l'autoclave ferme hermétiquement l'ouverture, et toute l'avarie qui résulterait de cet accident se bornerait à la perte du temps

employé à recueillir le suif répandu et à le clarifier de nouveau. (Voyez la description des *Autoclaves*, page 190).

Si comparativement on considère les énormes chaudières de nos fondeurs, les masses de suif qu'elles contiennent, la quantité de combustible embrasé nécessaire pour les chauffer; si on considère surtout la surveillance continuelle qu'exigent les opérations de la fonte pendant sa durée, et surtout à l'instant de la première ébullition, où l'on doit craindre de voir le suif monter et déborder les parois de la chaudière ouverte, on a lieu d'être surpris que la méthode défectueuse employée jusqu'à présent n'ait pas occasionné de plus grands désastres.

[73] J'ai encore chez moi environ une livre de chandelle fabriquée avec le suif fondu dans la seconde expérience dont je viens de parler; son odeur de bougie est parfaitement conservée. Ses autres qualités peuvent être altérées après cinq ans de fabrication.

[74] On a fait jusqu'à présent un grand nombre de recherches dans l'espoir de détruire la mauvaise odeur occasionnée par les fontes. Les procédés les plus ingénieux ont été pratiqués et n'ont que faiblement répondu à ce qu'il était permis d'en attendre. Je me permettrai à ce sujet de soumettre ici une observation qui, toute simple qu'elle est, pourra peut-être amener à la solution du problème.

Au lieu de s'efforcer de désinfecter le suif lors de la fonte, ne serait-il pas plus sage de ne l'employer que parfaitement sain, et avant qu'il fût atteint de corruption? Ne serait-il pas possible d'obtenir des bouchers qu'ils conservassent leur suif en branche avec assez de soin pour en retarder la putréfaction, et qu'ils le tinssent au frais et étendu sur des claies? Ne pourrait-on pas engager les fondeurs à faire plus fréquemment leurs tournés d'approvisionnement, par exemple, tous les trois jours en été, et tous les quatre ou cinq jours en hiver; à couper de suite en petits morceaux le suif qu'ils auraient recueilli; à l'envelopper dans des toiles propres, plongées dans l'eau fraîche, souvent renouvelée, et où il serait brassé plusieurs fois jusqu'à la veille de la fonte?

Je sais qu'il serait beaucoup plus difficile de traiter ainsi le suif provenant des campagnes; mais la chose n'est pourtant pas absolument impossible, et il suffirait de le vouloir. Ce suif exige d'autant plus de soin qu'il est toujours, par son âge avancé, le plus défectueux; il ne date jamais de moins d'une quinzaine quand il arrive à la fonderie. En exigeant des bouchers de campagne les précautions que nous réclamons de ceux de Paris, et en adoptant pour le transport l'usage de mettre le suif dans des toiles plongées dans des gueulbés ou tonneaux défoncés, remplis d'eau fraîche, on l'amènerait à la fabrique parfaitement conservé et exempt de putréfaction. Je suis intimement convaincu que la fonte d'un suif qu'on aurait pris la peine de traiter ainsi, quoique faite à vase découvert, ne produirait aucune mauvaise odeur.

[75] Les provisions fraîches étant extrêmement chères dans les Indes occidentales, l'amirauté anglaise a trouvé qu'il était moins dispendieux d'approvisionner les hôpitaux avec des viandes de Donkin, venues d'Angleterre, que d'en acheter de fraîches sur les lieux; et lorsque j'étais en Angleterre en 1814 et 1815, un grand approvisionnement de viandes de Donkin fut expédié à la flotte de l'amiral Cochrane sur la côte d'Amérique.

Pour traduction et extrait conforme:

Signé L. DE FREYCINET.

Au lecteur

Cette version électronique reproduit dans son intégralité la version originale.

La ponctuation n'a pas été modifiée hormis quelques corrections mineures.

L'orthographe a été conservée. Seuls quelques mots ont été modifiés. Ils sont soulignés par des tirets. Passer la souris sur le mot pour voir le texte original.